Streifzüge
durch Franken

Band 2

Streifzüge durch Franken

Band 2

Herausgegeben von Günter Dippold

Lichtenfels 2018

Die Arbeit des Colloquium Historicum Wirsbergense e.V. wird vom Bezirk Oberfranken und einer Reihe oberfränkischer Landkreise und Gemeinden regelmäßig unterstützt.

Titelbild:
Weg von Kloster Banz zum ehemaligen Spielplatz der Banzer Mönche
(Foto: Martin Pietz)

ISBN 978-3-945411-02-5

Colloquium Historicum Wirsbergense – Heimat- und Geschichtsfreunde in Franken e.V.
1. Vorsitzender: Prof. Dr. Günter Dippold, Brückleinsgraben 1, D-96215 Lichtenfels

Druck und Verarbeitung: Louis Hofmann GmbH & Co. KG, Sonnefeld

Inhalt

Vorwort

Seit 2002 bietet das Colloquium Historicum Wirsbergense e. V. in den Monaten Mai bis September Führungen zu urgeschichtlichen Fundplätzen und zu Stätten regionaler Geschichte, vom frühen Mittelalter bis in die zweite Hälfte des 20. Jahrhunderts, an. Ziel sind dabei Orte in Oberfranken sowie im angrenzenden thüringischen Landkreis Sonneberg, vereinzelt auch in Unter- und Mittelfranken sowie in der Oberpfalz.

Das Sommerprogramm erfreut sich großen Zuspruchs; Veranstaltungen mit mehr als hundert Teilnehmern sind mehr die Regel denn die Ausnahme. Verantwortlich hierfür sind in erster Linie die Referentinnen und Referenten, die durchweg ausgewiesene Fachleute für ihr Thema und den konkreten Ort sind.

Häufig wird am Rande der Führungen in der Teilnehmerschaft der Wunsch laut, die Inhalte nachlesen zu können. Aus diesen Anregungen ist 2010 das Buch „Streifzüge durch Franken“ entstanden. Ihm folgt nunmehr ein zweiter Band.

Einen Schwerpunkt darin bildet das historische Coburger Land, das Teile des heutigen Südthüringen einschließt. Denn gerade in diesem Raum hat sich die Arbeit des CHW im vergangenen Jahrzehnt intensiviert.

Herzlich zu danken ist den Autorinnen und Autoren, die bereitwillig die zusätzliche Mühe auf sich genommen haben, die Inhalte ihrer Führungen textlich zusammenzufassen und durch Bildmaterial zu illustrieren.

Günter Dippold

Autorin und Autoren

Prof. Dr. phil. Günter Dippold
Brückleinsgraben 1
96215 Lichtenfels

Hansfried Nickel
Kapellenstegsweg 58
96106 Ebern

Annette Schäfer M. A.
Robert Schäfer M. A.
Sassanfahrt, Neugartenstraße 15
96114 Hirschaid

Thomas Schwämmlein M. A.
Oberlinder Straße 13
96515 Sonneberg

Dr. phil. Timo Seregély
Nürnberger Straße 19a
96114 Hirschaid

Zerschlagene Bandkeramik, endneolithische Siedlungsspuren und ein eisenzeitlicher „Knochenhaufen“ vom Hohlen Stein bei Schwabthal

Von Timo Seregély

Felsformationen auf der Nördlichen Frankenalb und deren rituelle Nutzung in der Urgeschichte waren Thema eines von der Oberfrankenstiftung geförderten Forschungsprojektes, welches in Kooperation der Professur für Ur- und Frühgeschichtliche Archäologie der Universität Bamberg und des Lehrstuhls für Vor- und Frühgeschichtliche Archäologie der Universität Würzburg durchgeführt wurde. Nach den zwischen 2003 und 2007 ergrabenen Plätzen Motzenstein bei Wattendorf und den Rothensteinen bei Stübig bildete der Hohle Stein unweit von Schwabthal den Auftakt zur Untersuchung weiterer markanter Felstürme, -blöcke und -massive.

Der ca. 10 Meter hohe und 20 x 15 Meter breite Hohle Stein mit dem namengebenden tunnelartigen, vermutlich natürlich entstandenen Durchgang (Abb. 1) liegt exponiert östlich einer steil nach Westen abfallenden Dolomitklippe. Ca. 200 Meter südlich befindet sich eine vom Lichtenfelser Arzt Dr. Gustav Roßbach (1843–1927) Ende des 19. Jahrhunderts entdeckte Siedlung der Bandkeramik, von welcher bis dato zahlreiche Steinartefakte, hingegen nur wenige Keramikfragmente als Lesefunde bekannt geworden sind. 1962 barg der ehemalige Oberlehrer Hermann Mauer (1899–1994) bei einer kleinen Sondage unmittelbar am Hohlen Stein bandkeramische und nicht näher datierbare urgeschichtliche Scherben sowie Tierknochen.

Im Herbst 2007 begann zunächst die geophysikalische Prospektion des bandkeramischen Siedlungsareals mittels eines Fluxgate-Gradiometers, deren Messbild die typischen, NW-SO-orientierten, hausbegleitenden Längsgruben sowie zahlreiche runde und ovale Strukturen zeigte. Um Hinweise zu Befunderhaltung und Datierung zu erlangen, folgte die exemplarische Ausgrabung einer rundlichen Anomalie. Sie entpuppte sich als ca. 2 x 1,8 Meter große, nur noch maximal 40 cm tiefe Grube, deren dunklere Verfüllung Mahlsteinfragmente, Hornsteinbruchstücke, gebrannten Lehm, Holzkohleflitter und nur wenige Keramikbruchstücke enthielt. Eine Scherbe von der Grubensohle mit einer Randzier von drei horizontalen Stichreihen datiert den Befund in eine jüngere Phase der bandkeramischen Kultur zwischen 5100 und 5000 v. Chr.

Bei den im Sommer und Herbst 2008 angelegten Grabungsschnitten am eigentlichen Forschungsobjekt, dem Hohlen Stein (Abb. 2), wurde insbesondere darauf Wert gelegt, ganz unterschiedliche Situationen am Fels zu erfassen, so z. B. den Bereich des tunnelartigen Durchgangs (Schnitte 2 bzw. 20), eine kleine Höhle am nördlichen Ende des Felsblocks (Schnitt 3), den Hang

Abb. 1: Hohler Stein bei Schwabthal. Blick von Norden auf die Felsformation. Am linken unteren Bildrand befindet sich der Eingang zur kleinen Höhle (Schnitt 3), im rechten Bildteil der Felsdurchgang

vor der langgezogenen Ostwand (Schnitte 4 bzw. 18) oder die der jungsteinzeitlichen Siedlung zugewandte Südseite (Schnitt 17).

Am Fuß der Durchgangshöhle wiesen die Schnitte 2 bzw. 20 einen stark zerklüfteten und mit zum Teil mächtigen Dolomitversturzblöcken durchsetzten Untergrund auf, wobei die meist mit dunkelbraunem Sediment gefüllten Klüfte und Mulden bis in eine Tiefe von ca. 60 cm Fundmaterial führten. Neben spätmittelalterlichen bis neuzeitlichen Keramikbruchstücken im obersten Bodenabtrag ließen sich für die Urgeschichte Nachweise aus der Eisenzeit (vermutlich Hallstattzeit), der Bronzezeit und nahezu allen jungsteinzeitlichen Epochen erbringen.

Das Material war vom ersten Eindruck her stark durchmischt, was bedeuten könnte, dass es im Laufe der Zeit immer wieder Bodeneingriffe gab.

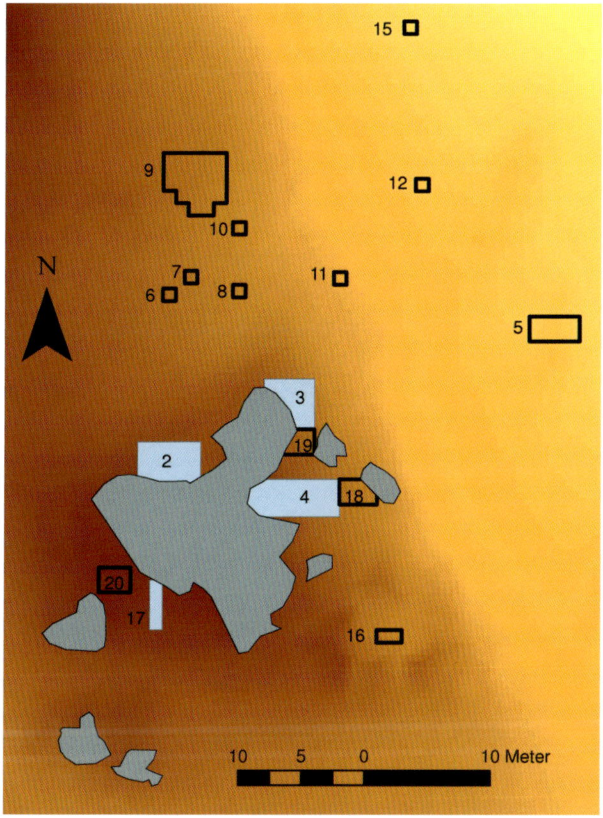

Abb. 2: Lageplan der Grabungsschnitte (die wichtigsten im Text besprochenen Schnitte sind hellblau hervorgehoben). Grau gekennzeichnet sind obertägige Dolomitfelsen oder -blöcke, farblich von dunkelbraun (528 m ü NN) zu gelb (521 m ü NN) der Höhenunterschied des Geländes

Jedoch besteht auch die Möglichkeit, dass ältere, schon durchmischte Funde aus verschiedenen Epochen, die sich zuvor im Felsdurchgang oder auch auf dem Felsgipfel befanden, zu einem späteren Zeitpunkt an dieser Stelle eingelagert wurden. Da bei nahezu allen wichtigeren Objekten eine dreidimensionale Einmessung mittels elektronischem Tachymeter erfolgte, lässt die weitere Auswertung der Daten im Rahmen einer Magisterarbeit eine präzisere Entschlüsselung der Ablagerungsgeschichte erwarten. In der untersten Fundschicht fielen zudem mehrere Geweihteile eines kapitalen Rothirsches auf, der einer naturwissenschaftlichen Datierung nach im späten 5. Jahrtausend v. Chr. erlegt worden ist.

Am Nordende des Hohlen Steins öffnet sich eine kleine, ca. 1 Meter breite und etwa 2 Meter in den Felsen hineinführende Höhle, von deren Vorplatz Hermann Mauer ebenfalls prähistorische Keramik auflas. Schon nach ca. 15 cm Bodenabtrag trat direkt vor der Höhle eine größere Menge an nicht im Verband liegenden und zum Teil fragmentierten Menschen- und Tierknochen sowie stark zertrümmerte Siedlungskeramik bronzezeitlicher Machart zu Tage (Schnitt 3). Diese Fundzusammensetzung ließ sich auf einer Fläche von ca. 2,5 x 2 Meter bis in 60 cm Tiefe verfolgen, wobei keine klaren Hinweise auf eine Grube vorlagen (Abb. 3). Die menschlichen Knochen lassen sich mindestens 15 Individuen zuordnen, wobei den größten Anteil Säuglinge oder Föten stellen. Erwachsene, Jugendliche oder größere Kinder sind offenbar nur in Ausnahmen vertreten, hier ist zudem das Fehlen von zahlreichen Skelettteilen auffällig. Auch in diesem Fall wird eine anthropologische/archäozoologische Examensarbeit wichtige Anhaltspunkte zum Motiv dieser einzigartigen Knochenansammlung liefern können. Sicher ist allerdings schon jetzt, dass trotz der vielen bronzezeitlichen Scherben die Knochen zu eisenzeitlichen Menschen gehören,

Abb. 3: Hohler Stein bei Schwabthal. Schnitt 3, Planum 4 von Norden fotografiert. Der etwas dunklere Bereich vor dem Höhleneingang zeigte die höchste Konzentration der Menschen- bzw. Tierknochen

was eine Serie von 14C-Datierungen eindeutig beweist.

Schnitt 4 am Hang vor der besonders imposanten Ostwand schürte von Beginn an Hoffnung auf Fundstücke, die sich auf dem Gipfel bzw. einem erhöhten Plateau an der Felswand befunden haben müssen. Sie wurde nicht enttäuscht, zeigte sich doch schnell stark zerscherbte Keramik der Eisenzeit, Bronzezeit und Schnurkeramik. Insgesamt fielen die Nachweise dieser Epochen aber eher spärlich aus, wohingegen überraschenderweise zahlreiche verzierte Scherben der Bandkeramik ans Tageslicht gelangten, welche von mindestens 15 Gefäßen stammen dürften. Als weitere Funde lassen sich verbrannte und unverbrannte Tierknochen, ein Reibstein, Dechselfragmente und Silices anführen. Häufig trennten Lagen aus verstürztem Dolomitgeröll die bis in eine Tiefe

Abb. 4: Hohler Stein bei Schwabthal. Zwei ausgewählte Scherben der jüngeren bzw. jüngsten Bandkeramik
1 Wandscherbe mit Bandfüllung von zwei einzeln gestochenen Linien, M. 2:3.
2 Randscherbe mit horizontaler Einzelstichreihe und Band mit mehrzinkiger Kammstichfüllung, M. 1:1

von 70 cm nachweisbaren Funde. Am oberen Teil des Hanges ließ sich ein dunklerer Befund mit Holzkohleeinschlüssen beobachten, der auf Feuer auf dem Felsgipfel hindeutet. Die Kombination von Gefäßen, Tierknochen und dem Hinweis von Feuern auf dem Hohlen Stein kann als sicherer Beleg für die Ausübung ritueller Tätigkeiten gelten, welcher für das Frühneolithikum in dieser Art an solch einem Ort bislang singulär ist. Die Mehrzahl der typologisch datierbaren Scherben weist durch die Anwendung von Kamm- und Furchenstich sowie feiner Kreuzschraffur in die jüngere bis späte Bandkeramik, also etwa ins 51. bis frühe 50. Jahrhundert v. Chr. (Abb. 4). Allerdings deuten vereinzelte Motive wie z. B. ein mit Federkielstichen gefülltes Band oder grob ausgeführte Leiterbänder auf die ersten Aktivitäten während einer etwas früheren Phase der älteren Jungsteinzeit. Des Weiteren konnten in einem rundlichen, durch Erosion entstandenen Felsloch auf dem Gipfel wenige urgeschichtliche Scherben geborgen werden, wobei die Metallzeiten, die Schnurkeramik und die Bandkeramik vertreten sind. Dies stützt die Interpretation, dass die im Hang eingelagerten Gefäßbruchstücke vom Felsgipfel selbst stammen.

Der schmale Suchschnitt 17 vor der Südseite des Hohlen Steins erbrachte überwiegend unverzierte Fein- und Grobkeramik des Frühneolithikums, dazu wenig Rotlehm sowie zwei Dechselbruchstücke, sodass an diesem Platz vielleicht eher produktivere Tätigkeiten stattgefunden haben, die aber durchaus mit den rituellen Handlungen am Felsen verknüpft gewesen sein können. Allerdings ist temporäres Siedeln südlich des Hohlen Steins nicht grundsätzlich auszuschließen.

Mehrere auffällige Langhügelstrukturen konzentrieren sich unmittelbar östlich bzw. nordöstlich des Hohlen Steins. Da die geomagnetischen Ergebnisse eine anthropogene Entstehung vermuten ließen, sollte ein 2 Meter breiter Schnitt durch eines dieser Objekte Klärung schaffen (Schnitt 5). Unter einem bis zu 40 cm starken Horizont mit

Dolomitgeröllen befand sich eine maximal 15 cm mächtige Lössschicht mit wenigen Keramik- und Steinfunden, welche mit hoher Wahrscheinlichkeit ins Endneolithikum datieren. Damit ist lediglich klar, dass die Hügel durch Menschenhand und nicht vor dem 3. Jahrtausend v. Chr. errichtet wurden. Die genaue Funktion bleibt letztendlich unklar, jedoch könnten Form, exakte Ausrichtung und die Beschaffenheit der Befunde gegen eine Interpretation als simple Lesesteinhaufen sprechen.

Am Oberhang nördlich des Hohlen Steins konnten Spuren einer schnurkeramischen Siedlung aufgedeckt werden, wobei allerdings die Masse der aussagefähigen Befunde nahezu vollständig der Erosion zum Opfer gefallen war (Schnitt 9). Lediglich eine langschmale Grube mit etwas Keramik, Rotlehmstücken und Silices sowie eine mutmaßliche Pfostengrube zeichneten sich als sichere Strukturen ab. Dagegen repräsentieren unregelmäßige Ansammlungen von Dolomitgeröllen mit Konzentrationen von Steingeräten und Werkabfällen vielleicht Reste befestigter Hausbereiche oder Werkplätze. Bei Betrachtung der Siedlungslage am Osthang und dem Bezug zum Fels offenbaren sich deutliche Parallelen zum Motzenstein bei Wattendorf. Somit liegen zusammen mit den Rothensteinen bei Stübig, wo im Herbst 2009 ebenfalls der Nachweis von Siedlungsstrukturen der Schnurkeramik gelang, in weniger als 10 km Distanz drei um 2600 v. Chr. datierende Kleinsiedlungen vor. Damit wird das am Fundplatz Motzenstein abgeleitete Bild von clanartig strukturierten Familienverbänden, welche in einem engen Kommunikationsnetzwerk miteinander verknüpft waren, bekräftigt. Die bewusst gewählte Siedlungslage in unmittelbarer Nähe von auffälligen Felsformationen hatte sicher auch einen rituellen Aspekt für die endjungsteinzeitlichen Menschen. Vielleicht haben die naturräumlich imposanten Landmarken jedoch auch bei der Identifikation der dort lebenden Familiengruppen eine wichtige Rolle gespielt.

Die Grabungen am Hohlen Stein bei Schwabthal schaffen durch kleinräumig differierende Fundzusammensetzungen eine ideale Ausgangsbasis, um nach exakter Materialanalyse epochenübergreifend Nutzungsszenarien rekonstruieren zu können. Dabei spielt die Untersuchung weiterer, ähnlich gestalteter Plätze als Vergleichsobjekte eine entscheidende Rolle, um letztlich urgeschichtliches Ritualgeschehen an markanten Orten Stück für Stück zu entschlüsseln.

Weiterführende Literatur

Falkenstein, Frank (Hrsg.): Hohler Stein, Rothensteine und Jungfernhöhle. Archäologische Forschungen zur prähistorischen Nutzung naturheiliger Plätze auf der nördlichen Frankenalb. Würzburg 2012.

Mauer, Hermann: Der Schwabthaler „Hohle Stein". Eine Fundstelle von Bandkeramik. In: 99. Bericht des Historischen Vereins Bamberg (1963), S. 409–417.

Tschierske, Hilmar: Zur neolithischen Siedlung am Hohlen Stein (Gmde. Schwabthal, Lkrs. Lichtenfels). In: Geschichte am Obermain 10 (1975/76), S. 19–35.

Die Motten von Prächting und Kutzenberg

Von Robert Schäfer

Unweit der Wallfahrtskirche Mariae Unbefleckte Empfängnis, der Hankirche oberhalb Prächtings, befinden sich zwei unscheinbare Erhebungen, die erst im 20. Jahrhundert als Reste mittelalterlicher Kleinburgen identifiziert wurden. Es handelt sich um so genannte Turmhügelburgen oder, korrekter, um Motten.

Die Gegend rund um Ebensfeld ist uraltes Siedlungsland und folglich archäologisch von größtem Interesse. Darauf weist eine Steintafel am Eingang der Hankirche hin. Auf einer Anhöhe zwischen Zeidelbach und Kelbach liegt in einem Wäldchen ein Gräberfeld, welches insgesamt 53 meist sehr gut erhaltene Hügel umfasst und um 600 v. Chr. angelegt wurde. Weitere sieben Hügel konnten im südlich angrenzenden Ackerland nachgewiesen werden. Diese wurden in den Jahren 1975 und 1978 archäologisch untersucht, nachdem bereits im 19. Jahrhundert erste Ausgrabungen stattgefunden hatten.

Bei den Grabungen der 1970er Jahre konnten neben zwei eisernen Schwertern einige Schmuckstücke, vor allem aber über hundert keramische Erzeugnisse geborgen werden, darunter ein tönernes Pferd, ein Rad aus dem gleichen Material und drei Fußschalen. Bereits im 19. Jahrhundert war eine Vogelplastik aus Keramik ans Tageslicht gekommen.

Neben den rund 60 Grabhügeln befinden sich in Umfeld der Hankirche aber auch noch zwei weitere Erhebungen, die von der Heimatgeschichtsforschung lange Zeit irrtümlich ebenfalls in vorgeschichtliche Zeit datiert wurden. Noch auf der Inschrift an der Hankirche werden die beiden Hügel als „Opferstätten" interpretiert, eine Deutung, die einer eher romantisierenden Vorstellung des 19. Jahrhunderts entspringt, die wahre Funktion der beiden Bodendenkmäler jedoch verkennt.

Tatsächlich handelt es sich bei den beiden vermeintlichen Opferhügeln um die Reste zweier Motten, wie sie im hohen und späten Mittelalter vielerorts in Europa anzutreffen waren. Motten waren von etwa 1000 bis ins 15. Jahrhundert hinein die wichtigste Form der Adelsburg in West-, Nord- und Zentraleuropa. Motten sind vor allem im flachen Land, in Niederungsgebieten anzutreffen, meist am fließenden Wasser. Seine Blütezeit erlebte der Bau von Motten im 11. und 12. Jahrhundert.

Typischerweise waren Motten Wohnsitze des niederen Adels; in der Anfangszeit wurden sie bisweilen aber auch durch eine Zentralmacht, durch Dynasten, angelegt. In ganz Europa sind mehrere tausend Motten bekannt, die meisten in Frankreich, Großbritannien, den Beneluxländern

Abb. 1: In Sichtweite des Bezirksklinikums Obermain finden sich die Reste von gleich zwei mittelalterlichen Kleinadelsburgen. Die Motte von Prächting liegt unweit der Hankirche in der Nähe des Kelbachs und überragt ihre Umgebung um zweieinhalb Meter.

und im Niederrheingebiet, aber auch in Oberbayern und Bayerisch-Schwaben.

In Oberfranken wurden bislang etwa 130 solcher Burganlagen nachgewiesen. Die ersten Motten dürften hier frühestens in der zweiten Hälfte des 11. Jahrhunderts, wahrscheinlicher jedoch in der ersten Hälfte des 12. Jahrhunderts entstanden sein. Die Ursprünge der Motten liegen in Frankreich, genauer: im normannischen Seinegebiet Westfrankreichs, von wo sich dieser neue Burgentypus seit der Jahrtausendwende rasch über weite Teile Europas ausbreitete. Der Begriff „château à motte" wurde um 1830 durch den französischen Archäologen Arcisse de Caumont in die Burgenforschung eingeführt und leitet sich ab vom vulgärlateinischen Wort „mota" (= Erdhaufen, Erdsode). Das Bauprinzip einer Motte war ebenso einfach wie funktional. Innerhalb eines Ringgrabens wurde mit dessen Aushub ein meist kegelförmiger, steiler Erdhügel aufgeworfen. Zusätzlich herbeigeschafftes Erdmaterial konnte eine größere Höhe des Hügels gewährleisten, dessen Stabilität durch Holz- und Steinpackungen unterstützt wurde. Die Gipfelfläche des Hügels wurde mit einer Palisade umfriedet, auf dem Hügel ein hölzernes Turmhaus mit offener oder überdachter Wehrplattform errichtet. Die vorgelagerte Vorburg wurde ebenfalls durch einen Graben und Palisaden geschützt und war mit der Motte durch einen Steg bzw. mit einer Rampe verbunden.

Motten nahmen meist nur wenig Raum ein und konnten binnen weniger Tage errichtet wer-

Abb. 2: Zu den eindrucksvollsten Motten in Oberfranken zählt die frühere Burg von Kutzenberg. Der stattliche Hügel am Rande des Gutshofes Kutzenberg ragt noch vier Meter auf und vermittelt bis heute einen sehr anschaulichen Eindruck vom Bauprinzip einer solchen Burganlage.

den. Der Durchmesser des Kernhügels betrug in aller Regel 20 bis 30 Meter, seine Höhe fünf bis zehn Meter. Die Breite des Grabens schwankte zwischen zwei und 25 Meter. Die Prächtinger Motte liegt am Fuße eines sanft nach Norden zum Kelbach abfallenden Hanges. Wie die meisten Anlagen dieser Art ist auch die Prächtinger Motte urkundlich nur schwer fassbar. 1142 wird ein Wittichint von Brahtingen erwähnt, den man als möglichen Besitzer der Burganlage ansprechen kann. Die Burg selbst wird indes erst 1397 erstmals genannt, als „Purkstal zu dem Han" – wobei es sich aber auch um Hain bei Küps handeln könnte.

Erhalten blieb von der Prächtinger Motte der runde, noch 2,50 Meter aufragende Kernhügel, dessen oberer Durchmesser zehn Meter beträgt. Der frühere Wassergraben ist nur noch in geringen Resten vorhanden.

Als in den 1840er und 50er Jahren der Frauendorfer Pfarrer Lukas Hermann (1807–1863) erste Ausgrabungen bei den nahegelegenen Grabhügeln durchführte, öffnete er auch den Turmhügel unterhalb des Hanhofs. Da ihm der Burgentypus der Motte jedoch noch unbekannt war, die Fundzusammensetzung zudem eine andere als bei den übrigen untersuchten Hügeln war, interpretierte Hermann die Motte irrtümlich als „Opferhügel bei Hahn". Er stieß bei seinen Grabungen auf mehrere Steigbügel, zwei Pfeile, einen Nagel, eine kleine Lanzenspitze, alles aus Eisen, ferner auf ein birnenförmiges Amulett aus weißem Ton und zwei schwarze „Urnentrümmer".

Die Kutzenberger Motte liegt am Ende eines kleinen Nebentales des Mains, am Rand des einstigen Gutshofs Kutzenberg. Urkundlich ist die Kutzenberger Motte besser fassbar als ihr 800 Meter entferntes Pendant bei Prächting. Errichtet wurde die Burg wohl Ende des 11. oder zu Beginn des 12. Jahrhunderts als Ansitz von Bamberger Ministerialen. Sie stellt also eine der ältesten

Abb. 3: Die Kutzenberger Motte auf einer Aufnahme aus dem Jahr 1908. Lange hielt man die Reste der hochmittelalterlichen Kleinburg irrtümlich für einen vorgeschichtlichen Opferhügel.

bekannten Motten in Oberfranken dar. Um 1100 erscheint ein Hartmout de Chozzinberge als Burgherr, um 1159 dann ein Erchembert von Chozzenberg.

Die Kutzenberger Motte zählt fraglos zu den eindrucksvollsten Anlagen ihrer Art in Nordbayern. Der Kernhügel hat sich noch bis zu einer Höhe von vier Metern erhalten und weist einen oberen Durchmesser von elf Meter auf. Reste des wahrscheinlich einmal vorhandenen Grabens wurden überbaut und lassen sich daher heute nicht mehr feststellen. Auch in Kutzenberg führte der Frauendorfer Pfarrer Lukas Hermann im 19. Jahrhundert Ausgrabungen durch, und auch diese Erhebung interpretierte er als Opferhügel. Die Vorstellung, dass eine mittelalterliche Burg aus Holz und Erde bestanden haben könnte, war Hermann ebenso wie vielen Fachleuten seiner Zeit eher fremd.

Erst im 20. Jahrhundert wurden daher die beiden Motten bei Prächting und Kutzenberg zweifelsfrei als Kleinburgen des hohen Mittelalters erkannt. Auch in ihren unscheinbaren Resten legen sie noch eindrucksvoll Zeugnis ab vom einfachen Leben des niederen Adels im 11. und 12. Jahrhundert.

Weiterführende Literatur

Abels, Björn-Uwe: Archäologischer Führer Oberfranken. Stuttgart 1986 (Führer zu archäologischen Denkmälern in Bayern: Franken 2).

Ders./Voß, Helmut: Selten und schön. Archäologische Kostbarkeiten aus der Vor- und Frühgeschichte Oberfrankens. Lichtenfels 2007 (CHW-Monographien 9).

Burger-Segl, Ingrid: Archäologische Streifzüge im Meranierland am Obermain. Ein Führer zu archäologischen und historischen Denkmälern des Früh- und Hochmittelalters. 2. Aufl. Bayreuth 2006 (Schriften zur Heimatpflege in Oberfranken. Reihe I: Geschichte und Museumswesen 3).

Christoph, Bernhard: Mittelalterliche Straßen und Siedlungen am Obermainbogen. Perspektiven der kartographischen Darstellung. In: Schönere Heimat 93 (2004), S. 127–136.

Leidorf, Klaus/Ettel, Peter: Burgen in Bayern. 7000 Jahre Burgengeschichte in Bayern. Stuttgart 1999.

Burg Schaumberg und Motte Ehnes bei Schalkau

Von Thomas Schwämmlein

Die Burg Schaumberg wurde wohl Mitte des 12. Jahrhunderts durch die Grafen Sterker errichtet, die um das 1149 gestiftete Kloster Mönchröden (Stadt Rödental, Lkr. Coburg) ihren Herrschaftsmittelpunkt hatten. Ein Angehöriger dieser Familie nannte sich im Zusammenhang eines 1147 und 1172 beurkundeten Gütertausch Hermann „comes de scowenberg" (Graf von Schaumberg). Es ist davon auszugehen, dass er selbst die Burg errichten ließ, nach der er sich nannte. Der Name „scowenberg" dürfte sich auf die Lage der Burg auf einem inselartig aufragenden Kalkfelsen, von der weit ins Land geschaut werden kann bzw. eine Burg, die weit im Land zu sehen („zu schauen") ist.

Später befand sich die Burg im Besitz einer 1216 erstmals belegten niederadligen Familie, die sich nach dieser Burg „von Schaumberg" nannte. Die Burg war Mittelpunkt einer wohl noch auf die Grafen Sterker zurückgehenden Herrschaft, der Zent (Gericht) Schaumberg. Ebenfalls auf die Sterker gehen wohl die erst Anfang des 14. Jahrhunderts belegten Reichlehen (Burg und Gericht) zurück.

1315 mussten die Herren von Schaumberg die Lehenshoheit Graf Bertholds VII. von Henneberg über die Burg anerkennen. Dem Druck der sich konstituierenden Landesherrschaft der Henneberger und ab 1353 der Wettiner im Raum Coburg wichen die Schaumberger dadurch aus, dass sie sich auf die Kernbereiche ihrer Herrschaft am Rand des Mittelgebirges zurückzogen und dort um 1349 eine neue Burganlage – Rauenstein – errichteten. Vor 1362 veräußerten sie ihre Burg Schaumberg schließlich an Markgraf Friedrich den Strengen von Meißen.

Die Burg wurde Sitz der Amtsverwaltung, die jedoch bald in die Stadt Schalkau verlegt wurde. Das hatte einen gewissen Verfall der Burg zur Folge. Erst ab Mitte des 15. Jahrhunderts kam es zu Baumaßnahmen und dem Einbau (bzw. Erweiterung?) einer großen Zisterne in der Kernburg.

Im Jahr 1499 gelang es Wilwolt (Willibald) von Schaumberg (ca. 1446–1510) die Burg als sächsisches Lehen zurückzuerwerben. Seit 1486 im Dienst Herzog Albrecht des Beherzten von Sachsen stehend, war er von 1488 bis 1493 dessen Feldherr im Burgundischen Erbfolgekrieg auf dem Gebiet der heutigen Niederlande. Schließlich bekämpfte er zwischen 1498 und 1500 in Albrechts Auftrag aufständische Friesen und nahm 1504/05 am Landshuter Erbfolgekrieg teil. Wilwolt gehörte zu den exponierten Vertretern der Berufsmilitärs niederadliger Herkunft am Übergang von Spätmittelalter zur frühen Neuzeit, zählte in Nordfranken zu den Wortführern adliger

Abb. 1: Torbereich der Burg Schaumberg (Aufnahme 2010)

Standesinteressen und verfügte zwischen Schalkau und oberen Main über beachtliche Besitzungen. Dazu gehörten neben Burg Schaumberg und deren Umfeld auch Burg Schney bei Lichtenfels. Über das Leben des Wilwolt von Schaumberg verfasste der mit ihm befreundete Ludwig von Eyb (1450–1521) eine Lebensbeschreibung.

Wilwolt, der als Berufsmilitär Erfahrungen im Belagerungskrieg sammeln konnte, baute die Burg Schaumberg ab 1501 nach den fortifikatorischen Kenntnissen seiner Zeit aus. Insbesondere galt dies für die Erfordernisse, wie sie sich aus dem Einsatz von Feuerwaffen im Belagerungskrieg mit sich brachten. Der Kernburg wurden Außenwälle vorgelagert, um die Distanz für Geschütze zu den Hauptgebäuden in der Kernburg zu vergrößern; Mauern wurden durch Wälle ersetzt, in denen die Wirkung der damals eingesetzten Stein- oder Eisenkugeln verpufften; Flankierungstürme im Zwinger garantierten freies Schussfeld (ohne „tote Winkel"). Dass auch auf der Burg Schusswaffen eingesetzt wurden, zeigen

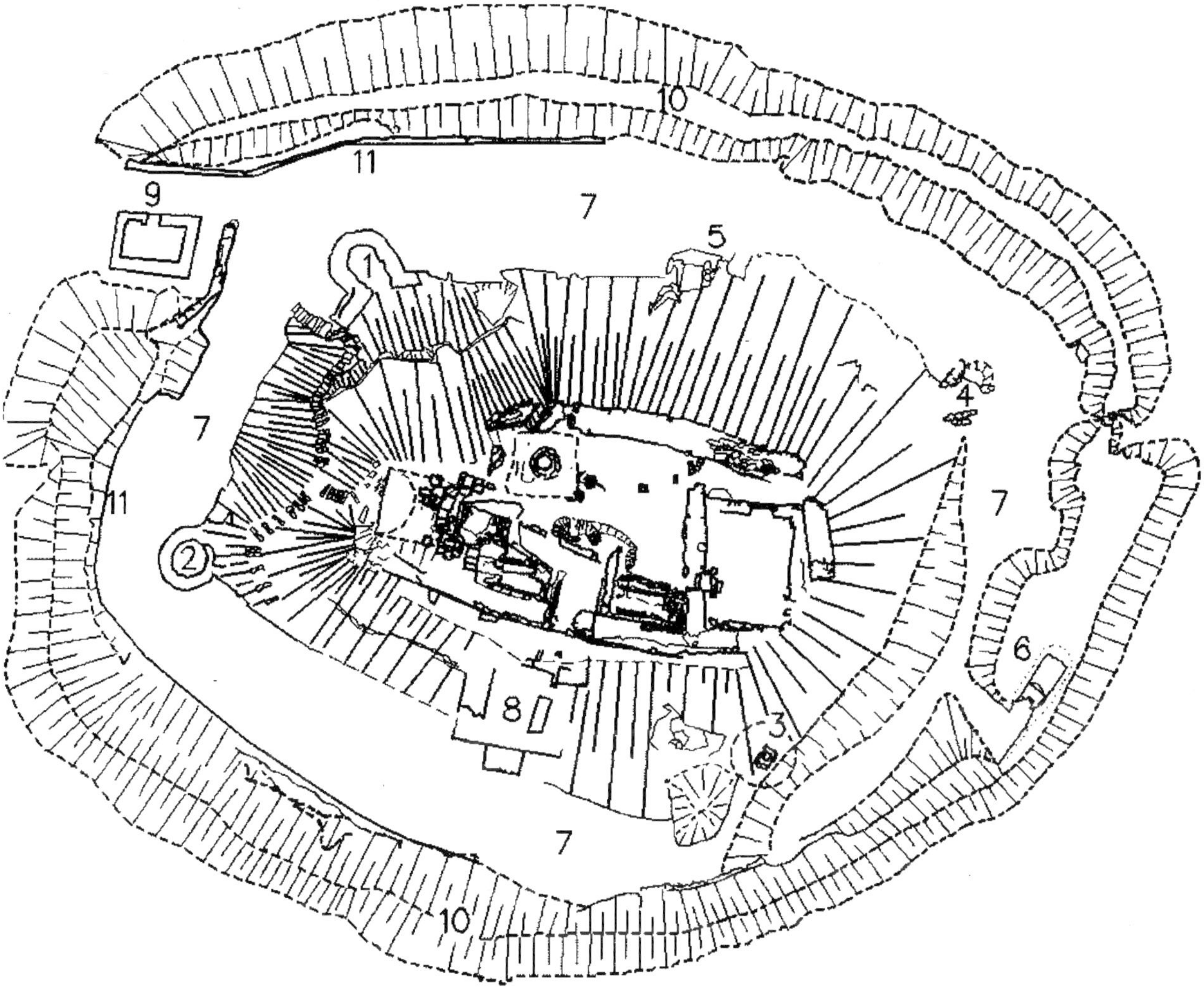

Abb. 2: Burg Schaumberg. Grundriss der Kernburg mit Zwinger und innerem Wall

1– 4: runde Flankierungstürme 5: eckiger Flankierungsturm 6: Wallgewölbe (Kasematte?)
7: Zwingergraben 8: moderne Plattform (abgebrochen) 9: Zugang in den Zwinger
10: innerer Wall 11: Kontereskarpemauer

Abb. 3: Burg Schaumberg. Flankierungsturm der Kernburg (Aufnahme 2010)

die Schlüsselscharten an einem Flankierungsturm mit Einsparungen für Prellhölzer wie eine bei den Ausgrabungen geborgene Hakenbüchse. Die von Wilwolt inspirierte Anlage darf als mustergültige Kleinburg, als „befestigtes Schloss", eingestuft werden (Dirk Höhne). Solche Anlagen entsprechen einer Übergangsphase von der mittelalterlichen Adelsburg, in der das Wohnen mit militärischen Funktionen vereint war, und der frühneuzeitlichen Festung, die ausschließlich militärische Funktion hatte, während das Schloss lediglich Wohn- und Repräsentationsräume vereinte. In der frühneuzeitlichen Schaumburg waren beide Funktionen noch vereint. Neben optimalen Schutz bot die Burg adligen Wohnkomfort, wie der Lebensbeschreibung Wilwolts ebenso zu entnehmen ist, wie der archäologische Befund (Ornamentkacheln, aufwendig gestaltete Messer) dies nahelegt. Eine noch von Wilwolt gestiftete Burgkapelle, die mit einem Vikar besetzt war, wurde 1520 bestätigt, allerdings nach der ersten evangelischen Visitation in Kursachsen (1529) zugunsten der Pfarrstellen in Schalkau und Bachfeld eingezogen.

Während des Dreißigjährigen Krieges (1635 und 1640) geplündert und gebrandschatzt, verfiel die Burg in der Folgezeit zur Ruine. Von 1732 bis 1839 als Kammergut der Herzöge von Sachsen-Meiningen genutzt, wurde die Burg 1839 an einen Schalkauer Bürger veräußert und befindet sich heute im Besitz der Stadt Schalkau.

Archäologische Untersuchungen erfolgten um 1830 durch den Hennebergischen altertumsforschen Verein, 1888 durch einen örtlichen Burgverein, 1920–1930 durch den Verein für Heimatgeschichte Schalkau sowie 1997–1999 durch das Thüringische Landesamt für archäologische Denkmalpflege Weimar. Durch die letzten Ausgrabungen – sie wurden 1997 durch Matthias Küßner und 1998/99 durch Dirk Höhne geleitet – konnten die gesamten Strukturen der Kernburg aufgedeckt werden sowie beachtliche Befunde und Funde zur Alltagskultur (Zisterne, Orna-

Abb. 4: Burg Schaumberg. Zwinger mit Flankierungsturm der Kernburg (Aufnahme 2010)

mentkacheln, Hakenbüchse, Münzwaage) gesichert werden. Seit 2000 erfolgten Erschließungs- und Sicherungsarbeiten an der Burganlage, die noch andauern. Träger dieser Arbeiten ist in Zusammenarbeit mit der Stadt Schalkau der vor wenigen Jahren gegründete Schaumburgverein Schalkau e. V.

Die erhaltene Burganlage entspricht überwiegend dem Umbau und der Erweiterung unter Wilwolt von Schaumberg ab 1501. Es handelt sich um eine kastellartige Anlage mit vorgelagertem Verteidigungssystem. Die Kernburg liegt auf einem Kalksteinfelsen und ist von einer umlaufenden Ringmauer mit Flankierungstürmen umgeben.

Abb. 5: Burg Schaumberg. Gewölbe in der Kernburg (Aufnahme 2010)

Erhalten sind zwei Tonnengewölbe – eines davon vollständig –, Mauern von Nebengebäuden und eine Zisterne. Umgeben ist die Kernburg von einem Zwinger, der von einer Kurtinenmauer mit außen angeschütteten Wall umgeben ist. Diesem sind ein weiterer Wall und einzelne Bastionen vorgelagert.

Die Burgruine Schaumberg bei Schalkau ist ganztägig zugänglich. Erreichbar ist die Anlage über einen Zufahrtsweg, der rechts von der Straße Schalkau – Ehnes abzweigt. Ein Rundwanderweg ist vom Schießhaus in Schalkau an ausgeschildert.

Im einstigen Vorburgbereich, der Domäne Schaumburg, befindet sich eine Gaststätte. Eine

Abb. 6: Burg Schaumberg. Gewölberest in der Kernburg (Aufnahme 2010)

Ausstellung über Funde und Befunde der jüngsten Ausgrabungen auf der Burg befindet sich im Heimatmuseum Schalkau. Alljährlich im Juni ist die Burg Mittelpunkt des Schaumburgfestes.

Motte in Ehnes

Seit dem 14. Jahrhundert lässt sich Besitz der niederadligen Herren von Schaumberg in Ehnes belegen. Ein „sitz zu eynis“ (Ansitz zu Ehnes) wurde 1485 genannt. Verbunden war der Ansitz mit einem seit dem 15. Jahrhundert belegbaren und bis Mitte des 19. Jahrhunderts bestehenden Rittergutes, dessen frühneuzeitliches Herrenhaus jedoch am nördlichen Ortsrand lag. Ein in der Ortsmitte liegender kleiner Turmhügel, eine sogenannte Motte, die noch im 19. Jahrhundert als „Ehnesturm“ bezeichnet wurde, kann dem Ansitz zugeordnet werden. Die Anlage hebt sich neben einem Einfamilienhaus als hügelartige Erderhebung ab. Reste eines Walles sind noch erkennbar. In den Hügel ist sekundär ein Keller eingetieft, der durch ein Kellerhaus überbaut ist.

Da der Besitz der Herren von Schaumberg in Ehnes freies Eigen war und die Anlage selbst typisch für Eigenbefestigungen des niedern Adels während des hohen Mittelalters ist, liegt es nahe, in Ehnes den ursprünglichen Ansitz dieser niederadligen Familie anzunehmen. Charakteristisch für diese Anlagen sind künstlich erhöhte Standorte am Rand oder in dörflichen Siedlungen. In der Regel waren sie kaum fortifikatorisch relevant,

Abb. 7: Motte in Ehnes

sondern mit dem meist damit verbundenen Turm vielmehr als Statussymbol der „Dorfherrschaft“ zu verstehen. Mit Übernahme der Burg Schaumberg um 1200 durch die von Schaumberg und den damit verbundenen Wechsel von der Niederungs- zur Höhenburg dokumentierte die Familie auch einen sozialen Aufstieg, wie er für die Angehörigen der Ministerialität im 12./13. Jahrhundert typisch war.

Die Motte befindet sich in der Ortsmitte im Garten des Grundstücks Ehnes 31 neben einem Einfamilienhaus und ist von der Durchgangsstraße aus zu sehen.

Weiterführende Literatur

Höhne, Dirk: Die Schaumburg bei Schalkau. Eine kleinmaßstäbige Musterburg aus der Zeit um 1500 und der Einfluss des Bauherrn auf die Gestaltung der Fortifikationen. In: Müller, Heinz/Schmitt, Reinhard (Hrsg.): Zwinger und Vorbefestigungen. Tagung vom 10. bis 12. November 2006 auf Schloss Neuenburg bei Freyburg (Unstrut). Langenweißbach 2007, S. 153–160.

Landkreis Sonneberg. Langenweißbach 2007 (Archäologischer Wanderführer Thüringen 10).

Rabeler, Sven: Niederadlige Lebensformen im späten Mittelalter. Wilwolt von Schaumberg (um 1450–1510) und Ludwig von Eyb d. J. (1450–1521). Würzburg 2006 (Veröffentlichungen der Gesellschaft für fränkische Geschichte IX, 53).

Schalkau-Schaumberg. Burg – Stadt – Kirche. Schalkau 2000.

Schwämmlein, Thomas: Landkreis Sonneberg. Altenburg 2005 (Denkmaltopographie der Bundesrepublik Deutschland. Kulturdenkmale in Thüringen 1).

Das ehemalige Zisterzienserinnenkloster Sonnefeld

Von Robert Schäfer

Sie ist weithin sichtbar und prägt das Bild Sonnefelds wie kein zweites Bauwerk: die Kirche des früheren Zisterzienserinnenklosters. Zusammen mit dem angrenzenden ehemaligen Dormitorium der Abtei stellt das Gotteshaus das bedeutendste Beispiel gotischer Sakralarchitektur im Coburger Land dar. Wenngleich Brände, Kriegszerstörungen, Umnutzungen und Abbrüche den Baubestand des Konvents im Laufe der Jahrhunderte stark dezimierten und veränderten, vermitteln die noch vorhandenen Bauten ein nach wie vor anschauliches Bild vom Aussehen einer Zisterzienserabtei im ausgehenden Mittelalter.

Das Kloster Sonnefeld wurde 1260 durch Heinrich II. von Sonneberg gegründet. Die ursprüngliche Lage des Klosters ist unbekannt. Gesichert ist aber, dass die Konventsbauten unweit Ebersdorfs oder Frohnlachs standen. Ende 1286 oder Anfang 1287 brannte die Abtei jedoch vollständig nieder und wurde in der Folge nicht wieder an der gleichen Stelle aufgebaut. Stattdessen entschloss man sich, das Kloster etwa fünf Kilometer weiter östlich, nahe dem Dorf Hofstätten, neu zu errichten.

Der Wiederaufbau zog sich über mehrere Jahrzehnte hin. Zwar konnten die Klosterschwestern wohl schon 1288 ihre Unterkünfte am neuen Standort beziehen, doch erst um 1320/25 wurde mit der Errichtung des imposanten, das Kirchenschiff weit überragenden Chores begonnen, welcher schließlich 1349 vollendet war. Als einziger Teil der gotischen Klosterkirche hat sich der dreijochige, 20 Meter hohe Chorraum mit seinen schlanken Diensten und dem Kreuzrippengewölbe bis heute weitgehend unverändert erhalten. Entworfen wurde er durch einen nicht näher fassbaren Baumeister Heinrich, von dem lediglich bekannt ist, dass er zum Dank für seine Arbeit von der Äbtissin des Klosters ein Haus mit Hofstätte, Garten und Wiese erhielt.

Abb. 1: Der mächtige Chor der ehemaligen Klosterkirche von Sonnefeld

Abb. 2: Anlage des einstigen Nonnenklosters Sonnefeld von Südosten. An den Chor schließt der Rest der Konventsbauten an. Rechts im Bild der ehemalige Wirtschaftshof des Klosters („Domäne") mit Gebäuden des 19. Jahrhunderts

In einem zweiten Bauabschnitt wurde nach 1349 das unter Heinrich begonnene Langhaus fertiggestellt, welches jedoch bereits 1380 bei einer neuerlichen Brandkatastrophe zerstört wurde, ebenso wie auch weite Teile der Konventsbauten. Die abermals erforderlichen Wiederaufbauarbeiten waren erst Mitte des 15. Jahrhunderts abgeschlossen.

Kaum vollendet, wurde das Kloster in der Folge der Reformation allerdings schon 1525 aufge-

Abb. 3: Westfassade der Sonnefelder Kirche, bei einer umfassenden Restaurierung in den Jahren 1856/57 neu gestaltet

löst und verstaatlicht. Aus der einstigen Abtei wurde spätestens 1538 der Sitz des Amtes Sonnefeld. Während des Dreißigjährigen Krieges wurden die früheren Klosterbauten bei Einfällen katholischer Truppen 1632 und 1634 weitgehend zerstört. Seither erinnert neben der Kirche nur noch das Dormitorium, das Schlafhaus der Nonnen, an den einstmals umfangreichen Baubestand des Konvents.

Die Kirche selbst wurde in den folgenden Jahrhunderten nur noch teilweise für Gottesdienste genutzt, die Nonnenempore im Langhaus als Speicherraum zweckentfremdet. 1856/57 wurde das inzwischen baufällige Gotteshaus einer Restaurierung unterzogen, in deren Verlauf das

Abb. 4: Bei der Restaurierung des 19. Jahrhunderts wurde das Langhaus um sieben Meter verkürzt und im Inneren weitgehend umgebaut. An drei Seiten wurden zweigeschossige Emporen eingefügt, die dem Gotteshaus das Gepräge einer typischen protestantischen Predigtkirche verleihen.

Abb. 5: Der 20 Meter hohe Chorraum mit seinen schlanken Diensten und dem Kreuzrippengewölbe zählt zu den schönsten Zeugnissen gotischer Architektur in Oberfranken.

Langhaus um sieben Meter verkürzt sowie der für eine Zisterzienserkirche charakteristische Dachreiter von der Mitte des Kirchenschiffs nach Westen verschoben wurde. Seither erhebt er sich direkt über der Westfassade der Kirche, die mit einer neugotischen Fensterrose nach dem Vorbild der Abteikirche in Ebrach gestaltet wurde.

Auch im Inneren erfuhr das Langhaus eine völlige Neugestaltung im Sinne der Neugotik. Die frühere Unterteilung in eine Nonnenempore und eine Gruftkirche wurde aufgegeben und stattdessen zu beiden Seiten des Langhauses zweige-

Abb. 6: Grabmal der 1363 jung verstorbenen Nonne Anna von Henneberg, die in natürlicher Haltung, in die Lektüre eines Buches vertieft, dargestellt ist

Abb. 7: Nicht nur architektonisch ist der Kapitelsaal ein Kleinod. Zu Beginn des 20. Jahrhunderts wurden umfangreiche Reste einer spätgotischen Ausmalung freigelegt, welche 1986/87 einer gründlichen Restaurierung unterzogen wurden.

schossige Emporen eingebaut. Auch weite Teile der Ausstattung, wie etwa der Taufstein oder die Kanzel, entstanden im Zuge dieser Restaurierung.

Unangetastet blieb indes der Chor, der das bedeutendste erhaltene Ausstattungsstück der früheren Zisterzienserinnenkirche birgt: das Epitaph der Anna von Henneberg, die 1363 im Alter von nur 18 Jahren als Novizin verstarb. Ihr von einem unbekannten Meister gestalteter, ungemein lebensnaher und berührender Grabstein zählt zu den herausragenden Zeugnissen spätmittelalterlicher Skulptur im fränkisch-südthüringischen Raum.

Ein weiterer kunsthistorischer Schatz findet sich im Erdgeschoss des Dormitoriums: der frühere Kapitelsaal. Der schlichte, harmonische Raum, dessen Kreuzrippengewölbe von einer einzigen Mittelsäule getragen wird, stellt ein architektonisches Kleinod dar. Einst diente er den Nonnen als Versammlungsraum; auch wurden hier die täglichen Lesungen abgehalten.

Seinen besonderen Reiz bezieht der Kapitelsaal aus den umfangreichen Wandmalereien aus der Mitte des 15. Jahrhunderts, die nach der Reformation übertüncht und erst zu Beginn des 20. Jahrhunderts wiederentdeckt wurden. Zwei Szenen des Gemäldezyklus fallen bei einer näheren Betrachtung besonders ins Auge. An der Nordwand des Saales findet sich ein im 20. Jahrhundert stark überarbeitetes Fresko, welches die Berufung des einstigen Zöllners Matthäus zum Apostel darstellt. Gegenüber, an der Südwand, ist eine, wenn auch nur unvollständig erhaltene Darstellung der Parabel von Christus in der Kelter zu erkennen.

Kirche und Kapitelsaal wurden in den 1970er und 80er Jahren umfassend restauriert. Das Gottes-

Abb. 8: An der Nordwand des Kapitelsaals findet sich ein Fresko, das die Berufung des Matthäus zum Apostel durch Jesus Christus zeigt.

Abb. 9: Christus in der Kelter. Der Ausschnitt zeigt die vier Kirchenväter Gregorius, Hieronymus, Ambrosius und Augustinus, die gemeinsam einen Kelch halten, um das Blut Christi aufzufangen.

haus dient heute der evangelischen Gemeinde Sonnefeld – 1889 wurden der frühere Klosterbezirk Sonnefeld sowie das benachbarte Dorf Hofstätten zum Ort Sonnefeld zusammengefasst – als Pfarrkirche, der einstige Kapitelsaal als Gemeindesaal. Dieser stellt neben dem Chor der Kirche den am besten erhaltenen und authentischsten Teil des gotischen Klosterkomplexes dar und erlaubt einen so nur selten nachzuempfindenden Eindruck von dem mit großem Aufwand und hoher künstlerischer Qualität gestalteten Inneren einer spätmittelalterlichen Frauenabtei.

Weiterführende Literatur

Bachmann, Harald: Sonnefeld. Geschichte und Gegenwart. Sonnefeld 1989.

Hotz, Joachim: Zisterzienserklöster in Oberfranken. Ebrach – Langheim – Sonnefeld – Himmelkron – Schlüsselau. München/Zürich 1982 (Große Kunstführer 98).

Lorenz, Walter: Campus Solis. Geschichte und Besitz der ehemaligen Zisterzienserinnenabtei Sonnefeld bei Coburg. Kallmünz 1955 (Schriften des Instituts für fränkische Landesforschung an der Universität Erlangen, Historische Reihe 6).

Roth, Elisabeth: Gotische Wandmalerei in Oberfranken. Zeugnis der Kunst und des Glaubens. Würzburg 1982.

Macht und Prestige der Herren von Schaumberg

Burgruine und Kirche in Rauenstein

Von Thomas Schwämmlein

Hoch über dem Dorf Rauenstein (Gemeinde Frankenblick, Landkreis Sonneberg) dominieren noch heute Burgruine und Kirche die Landschaft im Vorland des Thüringer Schiefergebirges. Der Name der Burg – 1349 „Ruhestein" – bezog sich auf die Lage auf einen steilen, hohen, rauen Felsen, wobei das Grundwort „-stein" im 14. Jahrhundert synonym für Burg stehen konnte. Eng verbunden sind Burg und Kirche mit der Geschichte der niederadligen Familie von Schaumberg, für die über drei Jahrhunderte der Berg Mittelpunkt des Gesamtgeschlechtes war.

Nach der durch die Grafen von Henneberg erzwungenen Lehensauftragung der Burg Schaumberg bei Schalkau und den Verkauf dieser Burg vor 1362 an die wettinischen Markgrafen von Meißen wichen sie in die verbliebenen Reste ihrer Eigengüter und Reichslehen am Rand des Thüringer Schiefergebirges aus. In diesen Zusammenhang steht auch der Bau einer neuen Burg.

Pfingsten 1349 erklärten die Brüder Karl und Heinrich sowie deren Neffe Heinrich von Schaumberg, dass sie mit Einverständnis der Gräfin Jutta von Henneberg († 1353) eine Burg, genannt der „Ruhestein bi Schauwenberg", errichtet hätten. Sie trugen die neue Burg der Gräfin sowie allen ihren Erben zu Lehen auf und räumten das Öffnungsrecht ein.

Durch die Burg waren die Schaumberger gegenüber der Landesherrschaft zu Loyalität verpflichtet. Zugleich dokumentierten sie durch den Bau der Burg ihren Machtanspruch auf diese Gebiete, die – im Gegensatz zur Burg selbst – dem Zugriff der Landesherrschaft entzogen blieben.

Das Verhältnis zur Landesherrschaft war zunächst nicht getrübt. Erst Ende des 14. Jahrhunderts kam es zu Auseinandersetzungen. Nach einem militärischen Schlagabtausch erzwangen die Wettiner 1396/97 den Beitritt aller Angehörigen der weit verzweigten Familie von Schaumberg zum Rauensteiner Burgfrieden. In der Folge wurde die Burg Rauenstein zu einer Ganerbenburg, also einer Burg, an der alle Familienangehörigen Anteil hatten.

Auf den Charakter Rauensteins als Herrschaftsmittelpunkt des Geschlechts deuten vor allem die Benennung der Restherrschaft als „Gericht Rauenstein" sowie die übliche Bezeichnung der Gemeinschaftsbesitzungen, auch außerhalb des Gerichts, als „Rauensteiner Lehen" hin.

Grundlage dieser Kleinherrschaft, die sich bis zum Rennsteig erstreckte, bildete die Grundherrschaft über die Reichslehen – bis in die frühe Neuzeit hinein unerschlossene Waldgebiete – und ein Hochgerichtssprengel, die so genannte Zent. 1378 wurden die Grenzen der Herrschaft

Rauenstein erstmalig gegenüber den wettinischen Territorien festgelegt, jedoch erst 1525 vertraglich geregelt. Das Gericht Rauenstein umfasste ein geschlossenes Gebiet von „25 Waldbergen", den Dörfern Rauenstein, Grümpen und Theuern sowie den Höfen Hiftenberg, Zairenhaus und Götzenberg (heute Wüstungen).

Das Gericht Rauenstein war Gemeinschaftsbesitz der gesamten Familie, wurde jedoch treuhänderisch über den Geschlechtsältesten – den Burgvogt – verwaltet. Dieser vertrat das Gesamtgeschlecht gegenüber der Landesherrschaft. Bis ins 17. Jahrhundert hatte der Gesamtbesitz Bestand. Allerdings hatte der wirtschaftliche Verfall im Gefolge des Dreißigjährigen Krieges zur Folge, dass 1683 Verkaufsverhandlungen mit Sachsen-Römhild und Sachsen-Coburg geführt wurden. 1687 übernahm Hans Sigmund von Schaumberg den Gesamtbesitz. Allerdings zog sich die Auflösung der Ganerbschaft bis 1699 hin.

An Stelle eines bereits um 1600 errichteten herrschaftlichen Gebäudes ließ Hans Sigmund von Schaumberg 1690 ein repräsentatives Schloss bauen. Allerdings überdehnte das Ziel, es den Kleinstaaten in Hildburghausen und Coburg mit dem Gericht Rauenstein gleichzutun, die wirtschaftlichen Möglichkeiten der Kleinstherrschaft. Nach dem Tod Hans Sigmunds (1729) nahmen die Herzöge von Sachsen-Meiningen ihr Vorkaufsrecht wahr, konnten jedoch erst nach längeren Auseinandersetzungen mit weiteren Erbberechtigten 1772 de jure Besitzer des Gerichts werden. Das Gericht bestand zwar als eigenständige Unterbehörde weiter, wurde aber stets in Personalunion durch den Vorstand des Amtes Schalkau verwaltet und 1808 endgültig diesem Amt einverleibt.

Burg Rauenstein

Die Burg Rauenstein erlebte während des 14. und 15. Jahrhunderts mehrfach Zerstörungen und musste wiederholt neu aufgebaut werden. Vor allem zwischen 1396 und 1398 und vor 1453 war die Burg stark umkämpft. 1540 bestand die Burganlage aus einem Turm, vier Kemenaten, einer Kapelle und den Befestigungen. Die relativ hohe Zahl von Wohngebäuden – vier Kemenaten – deutet darauf hin, dass neben dem Burgvogt auch andere Zweige der Familie ihren Wohnsitz auf der Burg hatten. 1569 kam es nach einer Brandstiftung zu einem großen Feuer, bei dem ein erheblicher Teil der Burg vernichtet wurde.

Offenbar hatte man an Stelle der Wohngebäude auf dem Berg bereits neue herrschaftliche Gebäude im Dorf errichtet. 1615 wurde ein „neues Schloss" erwähnt. Teile dieses Gebäudes scheint dann Hans Sigmund von Schaumberg um 1690 zu einem barocken Schlossbau erweitert zu haben. Die Bebauung auf dem Berg wird noch 1616 als „öd und wüst" bezeichnet. Allerdings

Abb. 1: Burg Rauenstein. Ehemaliger Torbereich (Aufnahme 2010)

Abb. 2: Burg Rauenstein: Langhaus der Kirche mit Grabenrest (Aufnahme 2010)

wurden während des Dreißigjährigen Krieges die Befestigungen nochmals repariert und erneuert. 1635 erstürmten kaiserliche Söldner die Burg, plünderten sie und setzten sie in Brand. Seither befand sich die Burg endgültig im Verfall: Sie wurde als Steinbruch genutzt.

Nach kleineren Ausgrabungen durch den Hennebergischen Altertumsforschenden Verein in Meiningen und den Anthropologischen Verein Coburg in der zweiten Hälfte des 19. Jahrhunderts entstand 1892 ein Verschönerungsverein in Rauenstein, der sich um den Erhalt der Burg bemühte. Unter dessen Regie kam es 1904, 1911 und 1925 – sowie zwischen 1950 und 1954 durch die Kulturbund-Ortsgruppe Rauenstein – zu Ausgrabungen und „Erhaltungsarbeiten". Diese konnten allerdings den zunehmenden Verfall, namentlich am Mauerwerk des Bergfrieds, nicht aufhalten. Erst 2000 begannen Sanierungsarbeiten am Bergfried unter Regie der Thüringer Landesentwicklungsgesellschaft, nach deren Abschluss 2006 die Burgruine ins Eigentum der Gemeinde überging. Seit 2007 kümmert sich der Thüringisch-Fränkische Geschichtsverein e. V. um die Burgruine.

Aufgrund der zahlreichen „Erhaltungsarbeiten" in der ersten Hälfte des 20. Jahrhunderts sind spätmittelalterlich-frühneuzeitliche Baureste nicht immer eindeutig von den „Zutaten" einer neuzeitlichen Burgenromantik zu unterscheiden. Trotzdem gestattet die überkommene Substanz einige grundsätzliche Aussagen über Raum- und Gebäudestrukturen.

Die Burg wurde auf einem nach Südwesten exponierten Sporn des Burgbergs zwischen zwei tiefen Kerbtälern errichtet. Baumaterial war überwiegend der örtlich anstehende Phycodenschiefer, teils auch Sandstein, der an mehreren Stellen in der Region gebrochen wurde.

Abb. 3: Burg Rauenstein: Befestigungsreste von Südwesten (Aufnahme 2010)

Abb. 4: Burg Rauenstein. Links der Bergfried, rechts die Kirche St. Maria und Georg

Gegliedert ist die Burganlage in drei Ebenen: den Burg-Bering mit den Toranlagen, die ehemalige Wohnbebauung auf der Südwestspitze und den Bergfried auf dem höchsten Punkt. Nach Nordosten ist der Burgstandort durch einen tiefen Halsgraben geschützt, dessen Aushub wohl überwiegend in der Burg verbaut wurde. Nach Südwesten trennte ein nicht so tiefer Graben, der heute durch die Kirche überbaut ist, den Burgstandort ab. Der ehemalige Zugang in die Burganlage verlief an der Nordwestflanke des Berges und ist noch heute als Hohlweg-Einschnitt erkennbar.

Erhalten ist der Burg-Bering im Westen, Süden und Osten einschließlich zugehöriger Bastionen oder Flankierungstürme. Torbauten lassen sich im Norden und Süden erkennen. Südwestlich des Bergfrieds sind noch Grundmauern mehrerer Gebäuden vorhanden, darunter ein überwölbter Verbindungsbau in den unteren Bereich. Markantester Teil der Burganlage ist bis heute der Bergfried. Der Turm wurde im typisch zweischaligen

Abb. 5: Burg Rauenstein. Gewölberest der Kernburg (Aufnahme 2010)

Mauerwerk errichtet, die Außenschale ist zu einem großen Teil abgegangen. Die spärlich erhaltene äußere Mauerwerksschale lässt einen in seinen einzelnen Etagen durch Mauerwerksgliederung abgesetztes Bauwerk erkennen. In der oberen Etage befand sich ein – oder mehrere (?) – Maßwerkfenster.

St. Maria und Georg – die ehemalige Burgkapelle

Teil der Burganlage war die heutige evangelisch-lutherische Ortskirche St. Maria und Georg, die bereits im 14. Jahrhundert als Burgkapelle errichtet wurde. Als solche diente die Kapelle einerseits der Seelsorge für die Burgbewohner als auch der Memoria der Gesamtfamilie. Bestattungen innerhalb der Kirche erfolgten bis ins 17. Jahrhundert.

Auch das 1453 belegte Patrozinium St. Maria und Georg reflektierte sowohl auf die Marienfrömmigkeit des Spätmittelalters wie, durch den Ritterpatron Georg, auf das Standesbewusstsein des niederen Adels.

1366 bestand bereits ein „Altar zu Rauenstein“, den damals Markgraf Friedrich der Strenge von Meißen mit Zehnten großzügig ausstattete. Nach einer der vielen Zerstörungen der Burg stellte 1453 der Augsburger Bischof, Kardinal Peter von Schaumberg (1388–1469), einen Ablassbrief zum Wiederaufbau der Burgkapelle St. Maria und Georg aus. 1464 bestand eine Vikarie. Rauenstein

Abb. 6: Burg Rauenstein: Kirche und Rest des Bergfrieds

und seine Umgebung lagen im Sprengel der Pfarrei Schalkau. Daran änderte sich auch nach der ersten großen kursächsischen Kirchenvisitation (1528/29) nichts. Nach einem jahrelangen Streit um die Pfarreirechte wurde das inzwischen protestantische Rauenstein 1700 endgültig der Pfarrei Schalkau zugesprochen.

Die Kirche blieb Privatkapelle der Herren von Schaumberg und ab 1772 der Herzöge von Sachsen-Meiningen. Erst ab 1824 waren die Schalkauer Geistlichen zu Gottesdiensten in Rauenstein für die Einwohner des Dorfes verpflichtet. Um die Einwohner des Industrieortes wieder stärker an die Kirche zu binden, erhielt Rauenstein 1892 zunächst einen eigenen Pfarrer. Schließlich wurde 1903 eine eigenständige Pfarrei Meschenbach-Rauenstein gebildet, die heute mit Effelder eine Gemeinde bildet. 1903 wurde die ehemalige Burgkapelle offizielle Ortskirche, befand sich aber lange nicht im Besitz der Kirchengemeinde, sondern zunächst der Sachsen-Meininger Domänenverwaltung, ab 1920 des Landes Thüringen. Erst 2004 wurde die Kirche Eigentum der Kirchengemeinde.

Die Lage der ehemaligen Burgkapelle an der Südwestspitze des Burgstandorts ist kein Zufall. Es war nicht unüblich, dass neuralgische Teile der Befestigungsanlage durch die Kapelle gleichsam unter einen höheren Schutz gestellt wurden.

Abb. 7: Chor der ehemaligen Burgkapelle St. Maria und Georg (Aufnahme 2010)

Abb. 8: Vermauerter Zugang von der Burg in die ehemalige Burgkapelle (Aufnahme 2010)

Auf die Lage am Rand der Befestigung deutet noch der erkennbare Rest eines Grabens, der durch den später erweiterten Kirchenbau überbrückt wird. Auch die unteren Teile des Turms könnten Teile der Befestigung gewesen sein.

Dem nach 1453 entstandenen spätgotischen Kapellenbau kann der polygonale Chorbereich mit Sterngewölbe zugewiesen werden. An die Funktion der Kapelle für die Grablege der Familie von Schaumberg erinnern Epitaphien im Chorbereich für Georg Sebastian (1638), Sophie Katharina (1676), Georg Dietrich (1678) und Henriette Marie (1693).

Offenbar erfasste der Brand der Burg 1569 auch die Kapelle, denn Ende des 16. Jahrhunderts erfolgte eine Erweiterung – oder Umbau (?). Belegbar ist der Abschluss dieser Bauarbeiten durch die Jahreszahl „1599" an einem Emporenpfeiler im Langhaus. Spätestens in diesem Jahr wurde der Kapellenbau durch die Überbrückung des Grabens zu einer Hallenkirche erweitert. Kanzel und Taufstein, die bereits Renaissanceformen zeigen, sind dieser Bauphase zuzuordnen.

Abb. 9: Kirche Rauenstein. Adelsepitaph, Taufstein und Kanzel

Abb. 10: Kirche Rauenstein. Blick zum Altar und zur Chorwand mit dem Sgraffito von 1954

Auch nach dem Dreißigjährigen Krieg kam es zu Erneuerungsarbeiten, worauf die Jahreszahl „1670" auf einem Dachziegel hinweist. Dieser Bauphase können die Fensterstellungen im Langhaus sowie die Obergeschosse des Turmes zugeordnet werden. Weitere Restaurierungs- und Umbauarbeiten erfolgten 1862–1864, 1894 und 1954.

Die heutige Farbfassung an der Empore im Langhaus entstand 1894 und nahm Bezug auf die Heraldik der Herren von Schaumberg. Neu kam damals das Kruzifix in die Kirche, eine Schnitzarbeit der Fachschule für Zeichnen, Holzschnitzen und Modellieren in Schalkau. Einfluss auf die Farbfassung von 1894 übte Oskar von Schaumberg (1869–1956) aus, der sich sehr intensiv mit der Geschichte seiner Familie befasste. Auf ihn geht auch die 1904 entstandene Bleiverglasung mit dem Schaumberg-Wappen zurück. 1954 wurde die Sakristei umgebaut. Kirchenmaler und Bildhauer Alfred Carl (1896–1978) aus Poppenwind versah die Chorwand durch das Sgraffito des heiligen Georg mit einem den Kirchenraum prägenden Werk. Nach Zerstörungen durch Vandalismus und baulichem Verfall in den 1960 und 1980er Jahren erfolgten ab 1990 sehr umfangreiche Erhaltungsarbeiten.

Weiterführende Literatur

Landkreis Sonneberg. Langenweißbach 2007 (Archäologischer Wanderführer Thüringen 10).

Schwämmlein, Thomas: Das Gericht Rauenstein. Zur Geschichte eines Territoriums. In: Landkreis Sonneberg. Tradition und Zukunft. 4 (1999), S. 100–106.

Ders.: Die Errichtung der Burg Rauenstein. Überlieferung, Ereignis und historisches Umfeld. In: Jahrbuch des Hennebergisch-Fränkischen Geschichtsvereins 15 (2000), S. 129–150.

Ders.: Landkreis Sonneberg. Altenburg 2005 (Denkmaltopographie der Bundesrepublik Deutschland. Kulturdenkmale in Thüringen 1).

650 Jahre Rauenstein. Effelder 1999.

Wendehorst, Alfred: Das Würzburger Landkapitel Coburg zur Zeit der Reformation. Göttingen 1964 (Veröffentlichungen der Max-Planck-Gesellschaft für Geschichte 13; Studien zur Germania Sacra 3).

Mönche, Ritter und Bauern

Kirche und Schloss in Mupperg

Von Thomas Schwämmlein

Kirche und Schloss Mupperg im südlichsten Teil des Landkreises Sonneberg sind aufs engste mit der Geschichte des Klosters Banz verbunden. Die wohl noch im frühen Mittelalter in der Nähe einer Altstraße entstandene Siedlung Mupperg wurde im Gründungszusammenhang des Klosters Banz 1069/71 erstmals schriftlich genannt. Mupperg gehörte mit Effelder (Lkr. Sonneberg) zur Erstausstattung des Klosters. Der Name „Muggiburc" lässt sich vom althochdeutschen ‚mucka' (Mücke) ableiten. Einerseits könnte sich dies auf die Nähe großer Sumpfflächen beziehen, die erst im 19. Jahrhundert durch Torfabbau und Melioration beseitigt wurden. Möglich ist aber auch, dass mit einer solchen Konnotation Siedlungslagen am Rand benannt wurden. Auffallend ist zudem die Namensgleichheit zum markanten Muppberg bei Neustadt b. Coburg, der in keiner Besitzverbindung zum gleichnamigen Dorf stand. Möglicherweise deutet die Namensgleichheit darauf hin, dass Dorf und Berg lange Zeit die einzigen zu benennenden Lokalitäten in der Region waren.

Entstanden sein dürfte die Siedlung Mupperg im Zusammenhang mit dem von den Grafen von Schweinfurt betriebenen Landesausbau. Darauf weist der Zusammenhang mit dem Kloster Banz hin, das Graf Hermann und seine Gemahlin Bertha (Alberada), die aus der Schweinfurter Familie stammte, stifteten. Der Klosterhof in Mupperg, wohl eine Villikation oder Hebestelle für Abgaben, wurde 1162 erstmals erwähnt. Obwohl der Ort seit dem 14. Jahrhundert in die hennebergische bzw. wettinische Landesherrschaft eingebunden war, behauptete das Kloster seine grundherrlichen Rechte bis ans Ende des Alten Reiches.

Innerhalb des Klosterhofs war während des späten Mittelalters ein dem Kloster Banz lehenpflichtiges Rittergut entstanden. Es befand sich 1321 im Besitz der Herren von Schaumberg. Ihnen folgten 1664 die Herren von Redwitz und 1694 die von Speßhardt.

Gegenüber der Banz unterstehenden Rittergutsherrschaft blieb die grundherrliche Basis der wettinischen Landesherrschaft (Sachsen-Coburg, ab 1826 Sachsen-Meiningen) von geringerer Bedeutung. Dies hatte seit dem 15. Jahrhundert wiederholt Konflikte zur Folge, die sich nach der Reformation und dem dadurch entstandenen konfessionellen Gegensatz zwischen protestantischer Landesherrschaft und katholischer Lehensherrschaft über das Rittergut noch verschärften. Bis ins 18. Jahrhundert wurden sehr umfängliche juristische Auseinandersetzungen geführt. Erst 1791 wurden die Verhältnisse zwischen Gut, Kloster und Landesherrschaft vertraglich endgültig geregelt.

Abb. 1: Heilig-Geist-Kirche in Mupperg

Heilig-Geist-Kirche

Wahrscheinlich hatten bereits die Markgrafen von Schweinfurt im 11. Jahrhundert eine Eigenkirche errichtet, die 1069/71 zusammen mit der Kapelle in Effelder im Gründungszusammenhang des Klosters Banz als herrschaftliche Kapellen („dominicales capellas“) erwähnt, aber erst 1248 dem Kloster inkorporiert wurden. Beide Kapellen gehörten zunächst zum Pfarrverband von Fechheim. 1148 wurden sie als Kirchen („ecclesiae") bezeichnet. 1241 ist in Mupperg ein Pfarrer namens Warmund belegt. Anfang des 16. Jahrhunderts gehörten zur Pfarrei neben Mupperg die Dörfer Gefell, Mogger, Oerlsdorf, Fürth am Berg, Heubisch, Liebau (1975 geschleift), Teile von Sichelreuth, zwei Höfe in Unterlind sowie die Filialkirche St. Nikolaus in Gefell. Für 1451 ist ein Marienpatrozinium belegt, was der aufkommenden Marienfrömmigkeit im Spätmittelalter entspricht. Erst 1722 wurde die Kirche dem Heiligen Geist geweiht, was einem Trend innerhalb der lutherischen Orthodoxie hin zu einer stark die Trinität betonenden Theologie entsprechen dürfte.

Die Patronatsrechte des Klosters Banz über die Pfarrei führten im Zuge der Reformation frühzeitig zu Konflikten. Im März 1522 befahl der Banzer Abt Johann Schütz von Hachenbach (reg. 1505–1529) dem Pfarrer, sich der Predigt nach der neuen Lehre so lange zu enthalten, bis die Kirche etwas anderes beschlossen habe. Vor allem wurde ihm eingeschärft, den Frühmesser zu beaufsichtigen. Bereits mit der Visitation 1528 erlosch der Einfluss des Klosters auf die geistlichen Belange in der Pfarrei.

Einem romanischen Kirchenbau sind die Chorbogenpfeiler und die Reste einer 2002 bei Ausschachtungen aufgefundenen Apsis zuzuweisen. Diese Kirche erhielt während des 14. Jahrhunderts eine wohl umfängliche Ausstattung, zu der ein 1392 geweihter Altar gehörte. Mitte des 15. Jahrhunderts trat wie an etlichen anderen Orten der Region an Stelle des romanischen ein spätgotischer Kirchenbau. Über der abgebrochenen Apsis wurde ein polygonaler Chor errichtet sowie das Langhaus erweitert. Eine Bauinschrift an der Südseite des Turms datiert diese Arbeiten ins Jahr

Abb. 2 und 3: Darstellung der klugen und der törichten Jungfrauen am Chorbogen in der Kirche von Mupperg

1451. Der spätgotischen Anlage zuzuordnen ist neben dem Chor mit Kreuzrippengewölben, den Resten einer Sakramentsnische sowie der Sakristei mit Tonnengewölbe und Piscina (Wasserbecken) auch die Bemalung am Chorbogen und im Chorgewölbe. Während die Chorgewölbe florale Formen zeigen, reflektieren die klugen und törichten Jungfrauen am Chorbogen auf die spätmittelalterlichen Jenseitsvorstellungen. So stehen die klugen Jungfrauen, deren Flamme brennt, für den Eingang ins Paradies, während er

Abb. 4: Inneres der Heilig-Geist-Kirche in Mupperg, Blick zum Altarraum

den törichten Jungfrauen, die eine Lampe ohne Licht tragen, verwehrt bleibt.

Prägend für den Kirchenbau ist allerdings der Um- und Neubau Anfang des 18. Jahrhunderts in den Formen des Barock. Diese Arbeiten standen unter Regie des Postmeisters Windisch aus Coburg, der den Entwurf gezeichnet hat. 1722 fanden die Arbeiten ihren Abschluss mit der Weihe

Abb. 5: Inneres der Heilig-Geist-Kirche in Mupperg, Blick nach Westen ins Langhaus

Abb. 6: Kirchenportal mit barocker Bauinschrift

als Heilig-Geist-Kirche. Letzte größere Baumaßnahme war der Ersatz des alten spitzen Turmaufbaues durch eine welsche Haube 1783/84.

Der barocke Umbau darf keineswegs als reine Anpassung an eine zeitgemäße Ästhetik verstanden werden. Die Gebäudemetaphorik des Gotteshauses als „Haus Gottes" verband sich in der zweiten Hälfte des 17. und der ersten Hälfte des 18. Jahrhunderts mit den Vorstellungen fürstlicher Repräsentation, die im Kirchenraum einen „Audienzsaal Gottes" sahen, in dem Gott wie ein absolutistischer Fürst die Bitten seiner Untertanen entgegennahm. Kirchenbau war ein Instrument, um theologische, politische und architektonische Konzepte „unters Volk" zu bringen.

Den außen nüchternen Kirchenbau prägen der Kirchturm mit der welschen Haube sowie das von einer Wappenkartusche bekrönte Hauptportal im Süden. Innen bestimmen die auf drei Seiten umlaufenden dreigeschossigen Emporen, die freistehende Kanzel und die Orgelempore über dem Chor den Kirchenraum. In seiner Zuordnung mit Kanzel und Orgel vor dem Chor entspricht die Raumdisposition dem Standard des barocken Kirchenraums in der Region.

Bemalung und Schnitzwerk folgen nicht nur der Ästhetik des Barock, sondern auch einem theologischen Konzept. Die 1720 von Hans Kaufmann geschaffene Kanzel wird von Moses mit den Gesetzestafeln getragen; den polygonalen Kanzelkorb zieren Darstellungen von Christus, den vier Evangelisten sowie den Aposteln Petrus, Paulus und Andreas; auf dem Schalldeckel stehen Taube, Gottvater mit der Weltkugel und ein triumphierender Christus. Damit spiegelt sich in der Kanzel alter Bund (Moses) als Basis, auf dem der neue Bund (Christus, Evangelisten, Apostel) als Platz des Predigers steht; oben folgt die Verheißung der Auferstehung.

Der Kanzel gegenüber stehen die Emporen an deren Brüstungen biblische Darstellungen als „Bilderbibel“ fungieren. Optisch hervorgehoben ist der Stand der Rittergutsherrschaft mit dem Wappen der Familie von Speßhardt und dem Hineinragen in den Chorraum. Emporenstände und Herrschaftsstand dokumentieren die ständische Struktur der dörflichen Gemeinschaft. Hinter der Kanzel fällt ein separater Kirchenstand auf, der als protestantischer Beichtstuhl anzusprechen ist. Auch wenn die Beichte nach der Reformation kein Sakrament mehr war, hatte sie in protestantischen Landeskirchen doch bis zur Aufklärungszeit Bestand.

Die Bemalung an den Emporen und im Chor wurde 1951 durch Ludwig Friedrich, einen Handwerker aus dem Ort, restauriert, die fehlenden Emporenfelder unter Aufnahme der barocken Motivik ergänzt. Zu den bemerkenswerten Ausstattungsstücken gehören das Epitaph für Hans Christoph von Schaumberg (1559), die Grabplatte für Christoph Caspar von Speßhardt (1694) sowie die von Johannes Strebel (1832–1909) aus Nürnberg geschaffene Orgel (1908) mit dem barocken Verblendwerk des Vorgängerinstruments aus dem Jahr 1728.

Schloss

Der 1162 belegte Klosterhof wurde im späten Mittelalter durch die Rittergutsherrschaft weitergenutzt. Noch im 15. Jahrhundert hatte das Anwesen den Charakter des landwirtschaftlichen Hofes nicht verloren; ein repräsentativer Ansitz und Befestigungsanlagen fehlten. Erst 1525/26 ließ Christoph von Schaumberg eine „steinerne Kemnat“ errichten, die von Sumpfflächen umgeben war. Sie wurde 1720 abgebrochen, und die Familie von Speßhardt errichtete ein kleines Schloss, das 1738 erstmals erwähnt wurde. 1750 ließ Wilhelm Ernst Friedrich von Speßhardt ein

Abb. 7: Schloss Mupperg im Jahr 1961

Abb. 8: Schloss Mupperg, errichtet 1750

neues Schloss bauen. Dieser Schlossbau besitzt eine symmetrische, neunachsige Fassade. Dominierend ist das Hauptportal mit der Bauherreninschrift „W. E. F. V. S. / 1750".

Nachdem 1869 das Gut zerschlagen worden war, verkaufte die Familie von Speßhardt das Schloss 1871 an den Kreis Sonneberg, der dort 1872 ein Armen- und Pflegeheim einrichtete. Nach Übernahme durch den Kreis wurden um 1900 die ausgedehnten Teichflächen zugeschüttet und eine Parkanlage angelegt. Die ursprünglich verputzte Fassade des Schlosses erhielt 1911 im Bereich des Obergeschosses eine Verschieferung, die nach einem Entwurf des Sonneberger Industrieschuldirektor Reinhard Möller bemalt wurde. 1924 und 1986/89 entstanden Anbauten an das Schlossgebäude.

1924 wurde aus dem Armenhaus ein Kreisversorgungsheim, das alte, kranke und behinderte Menschen aufnahm. 1941/42 wurden geistig Behinderte im Zuge des nationalsozialistischen „Euthanasie"-Programms „T 4" nach Pirna-Sonnenschein deportiert und dort ermordet. Der damalige Heimleiter bewahrte ohne Rücksicht auf die Gefahr für die eigene Person zwei Männer vor dem Tod, indem er sie in einem Stall versteckt hielt. Das Pflegeheim bestand nach 1945 weiter und wurde 1991 durch die Arbeiterwohlfahrt (AWO) übernommen. Zwischen 2002 und 2010 wurde das Schloss zu einer Seniorenresidenz umgebaut. Dabei wurden die Anbauten aus dem 20. Jahrhundert abgebrochen und das Gebäude, vor allem seine Fassaden auf das barocke Schloss zurückgebaut. Während der Umbauarbei-

Abb. 9: Katzenmumie unter einer Schwelle des Schlosses Mupperg – ein barockes Bauopfer?

ten wurde unter einer Schwelle eine Katzenmumie aufgefunden, die als Bauopfer der Bauzeit (1750) zu werten ist.

Weiterführende Literatur

Dippold, Günter: Konfessionalisierung am Obermain. Reformation und Gegenreformation in den Pfarrsprengeln von Baunach bis Marktgraitz. Staffelstein 1996 (Einzelarbeiten aus der Kirchengeschichte Bayerns 71).

Friedrich, Walter: Pfarrei Mupperg im Sonneberger Unterland. Leipzig/Hildburghausen 2009.

Schwämmlein, Thomas: Landkreis Sonneberg. Altenburg 2005 (Denkmaltopographie der Bundesrepublik Deutschland. Kulturdenkmale in Thüringen 1).

Ders.: Stadt und Land während der Reformation – die reformatorische Bewegung in den Gerichten Sonneberg und Neustadt. In: Moczarski, Norbert/Witter, Katharina (Hrsg.): Thüringische und Rheinische Forschungen. Bonn – Koblenz – Weimar – Meiningen. Festschrift für Johannes Mötsch zum 65. Geburtstag. Leipzig/Hildburghausen 2014, S. 164–180.

Wendehorst, Alfred: Das Würzburger Landkapitel Coburg zur Zeit der Reformation. Göttingen 1964 (Veröffentlichungen der Max-Planck-Gesellschaft für Geschichte 13; Studien zur Germania Sacra 3).

Abb. 10: Das Dorf Mupperg im Jahr 1938

Bauern, Ritter, Lutheraner

Die St.-Aegidien-Kirche in Oberlind

Von Thomas Schwämmlein

Bauern, Ritter, Lutheraner prägten die Geschichte der Dorfkirche im heutigen Sonneberger Stadtteil Oberlind. Die Region gehörte lange Zeit zur ernestinischen Pflege Coburg, einem Kerngebiet der Reformation. Nicht nur in Städten, auch im ländlichen Raum fasste die reformatorische Bewegung frühzeitig Fuß – so in Oberlind. Die Ortskirche wurde Anfang des 16. Jahrhunderts zu Ort und Gegenstand der neuen Lehre.

Oberlind wird 1225 erstmalig im Zusammenhang mit einem Rechtsstreit des niederadligen Heinrich von Sonneberg und der Benediktinerabtei Saalfeld erwähnt. Heinrich von Sonneberg hatte in die Besitzrechte des Klosters eingegriffen. Ein mutmaßlicher Lehensmann Heinrichs namens Guantionis (?) erscheint in dem nur abschriftlich überlieferten Urkundentext mit der Zuordnung „de Linte“ (von Lind).

Der Streit scheint nachhaltige Folgen gehabt zu haben, denn erst 1252 wurde eine gegen Heinrich und seine Familie ausgesprochene Exkommunikation aufgehoben. In diesen Zusammenhang erwarb die Familie des Adligen Besitz in mehreren Orten im Umfeld der Burg Sonneberg, darunter Lind. Der Ortsname bezog sich wohl auf eine sehr markante Linde oder auf Lindenbäume in der Umgebung. Im Gegensatz zu Unterlind, das von 1252 bis ins 18. Jahrhundert als „Niederlind“ bezeichnet wurde, nannte man Oberlind bis weit in die Neuzeit hinein einfach „Lind“.

Der Ort wurde wohl während des hochmittelalterlichen Landesausbaus während des 11./12. Jahrhunderts auf einer Niederterrasse der Steinach angelegt. Wichtig für die Entwicklung des Dorfes war seine Lage an zwei Altstraßen, der Kronacher Straße und der Sattelpassstraße, die beide im Bereich der heutigen Unteren Brücke in einer Furt die Steinach querten.

Lag die Landesherrschaft seit dem 14. Jahrhundert in der Hand zunächst der Grafen von Henneberg, ab 1353 der Wettiner, so bestand im Ort bis in die frühe Neuzeit eine regelrechte Gemengelage unterschiedlicher Grundherrschaften. Am Ende des Mittelalters waren dies – neben den Kurfürsten von Sachsen und den Klöstern Saalfeld und Langheim – ein Rittergut, dessen Schloss 1778 abbrannte, sowie mehrere andere adlige Grundherren. Neben der Grundherrschaft stand die Gemeinde, die während der frühen Neuzeit sehr selbstbewusst wirkt. Oberlind verfügte über Markt-, Schenk- und Braurecht und war Sitz mehrerer Landhandwerksinnungen.

An Stelle der heutigen Kirche stand bereits im hohen Mittelalter eine Kapelle, die dem Zisterzienserkloster Langheim inkorporiert war. Das Patrozinium St. Aegidien ist erstmals 1479 belegt.

Abb. 1: Kirche und Kirchhofmauer in Oberlind von Süden

1444 und 1485 als Pfarrkirche nachgewiesen, befand sich die Kirche dennoch Anfang des 16. Jahrhunderts im Pfarrverband von Sonneberg. Die um 1465 entstandene Diözesanmatrikel des

Bistums Würzburg verzeichnet für (Ober-)Lind lediglich eine Frühmesspfründe („primissaria"). Nicht auszuschließen ist, dass die Pfarreirechte zeitweilig an Sonneberg übertragen waren.

1479 und 1485 wurden Ablässe zugunsten der Oberlinder Kirche erwirkt. Zu dieser Zeit bestand bereits ein spätgotischer Neubau. Inschriftlich belegt ist 1455 eine Erweiterung des Kirchenbaus um Chorturm und Schiff. Die dendrochronologische Untersuchung der Balken in Turm und Glockenstuhl ergab Fälldaten für den Turmaufsatz und den nördlichen Glockenstuhl von 1464 und 1465 sowie im südlichen Glockenstuhl zwischen 1483 und 1490. Dies lässt auf Umbauten und Erweiterungen in der zweiten Hälfte des 15. Jahrhunderts schließen, worauf auch die beiden Ablassbriefe hindeuten.

Die reformatorische Bewegung erfasste die fränkischen Gebietsteile des Kurfürstentums Sachsen mit ihrem Mittelpunkt Coburg Anfang der 1520er Jahre. Ähnlich wie in den Städten Coburg und Neustadt stellte die Gemeinde Oberlind 1525 auf eigene Kosten einen Prediger, Andreas Lehr aus Neustadt, an und die Anhänger der „alten" Kirche kalt. Nach einem erst 1585 verfassten Eintrag im Kirchenbuch der Gemeinde Oberlind soll Lehr 1525 durch Luther persönlich in sein Amt eingeführt worden sein. Die Notiz ist problematisch, da sich Martin Luther 1525 nicht in den fränkischen Teilen der ernestinischen Lande aufhielt und eine direkte Beziehung Lehrs zum Reformator sich nicht belegen lässt.

Unabhängig von der Legendenbildung scheint die Konfrontation zwischen Anhängern Luthers und konservativen Geistlichen in Oberlind besonders hart gewesen zu sein. Als Gegner der neuen Lehre bezeichneten die Visitatoren 1529 Nikolaus Kestner und Peter Brückner, die die Vikarien der Engel- und Frühmesse innehatten. Beide würden konspirieren, und über Brückner bemerkte die Kommission, er sei „dem Evangelio entgegen". Wenn er angab, dass er drei Jahre die Kirche nicht mehr betreten habe, dann würde sich dies mit dem Jahr 1525 decken, in dem Lehr möglicherweise nach Oberlind kam und zu predigen begann.

Im Dorf konnte Lehr auf einen starken Rückhalt in der Bevölkerung zählen, denn 1528 hieß es, er habe „dye gunst des pfarrvolkcks". Nicht auszuschließen ist, dass Lehr bewusst durch die wortführenden Laien in der Gemeinde als Gegenpart gegen die Anhänger des alten Glaubens installiert worden war. Sein kirchenrechtlicher Status vor 1529 war nämlich nicht die eines Messpriesters oder eines Pfarrers, sondern eines bloßen Predigers. Erst mit der Visitation Anfang 1529 wurde Lehr formell zum Pfarrer berufen. Es liegt daher nahe, dass die Gemeinde Oberlind frühzeitig zur neuen Lehre neigte und deshalb auf eigene Kosten einen evangelischen Prediger anstellte.

Die Auseinandersetzungen in Oberlind zwischen Anhängern der reformatorischen Bewegung und altkirchlichen Kräften wurde überlagert von älteren Konflikten. Seit Anfang des 16. Jahrhunderts gab es in Oberlind Bestrebungen, aus dem Filialverband mit der Pfarrei Sonneberg auszuscheiden. 1517 hatten die Dörfer ihre Trennung von Sonneberg angestrebt und dem Sonneberger Pfarrer sogar die Kirche versperrt. Dabei waren sie insofern erfolgreich, als die Eigenständigkeit Oberlinds von Sonneberg eingeräumt, aber nicht durch die Berufung eines Pfarrers vollzogen wurde.

Abb. 2: Inneres der St.-Aegidien-Kirche Oberlind, Blick nach Westen

Das Streben nach größerer Eigenständigkeit ging in Oberlind von den Einwohnern des Dorfes und mehrerer eingepfarrter Ortschaften aus. Wie in den Städten überschnitten sich ältere Forderungen nach mehr Einfluss auf die Praxis in der Kirchen-Gemeinde mit der reformatorischen Bewegung und den Vorstellungen der Reformatoren von der Gemeinde als Träger des neuen Glaubens. Auf diese Überschneidungen hat wiederholt Peter Blickle hingewiesen und dafür den Begriff des Kommunalismus empfohlen. Im Mittelpunkt steht die Gemeinde, die städtische wie die ländliche, deren Wertekanon vom „gemeinen Nutzen" definiert wurde. Die Reformation war an der „Basis" in den Städten und Dörfern gewollt. In einem Territorium wie der ernestinischen Pflege

Coburg, deren Landesherr die Protagonisten der Reformation förderte, konnten die gemeindlichen Bestrebungen in relativ kurzer Zeit erfolgreich sein, weil reformationsfeindliche Kräfte kaum oder gar nicht auf Unterstützung hoffen konnten.

Die Ereignisse der Reformationszeit in Oberlind weisen also auf die – durch eine stark auf den Staat ausgerichtete Geschichtswissenschaft lange vernachlässigten – kommunalen Strukturen. Starke Dörfer wie Oberlind erschienen auf Augenhöhe mit kleinen landesherrlichen Städten, machten ihnen Konkurrenz und verfügten über zentralörtliche Strukturen. Die Viehmärkte in Oberlind zogen Kunden aus dem gesamten Fürstentum Coburg an. Das während des Dreißigjährigen Krieges verliehene Braurecht der Gemeinde schmerzte die nahen Städte Sonneberg und Neustadt, deren Ratsgremien über mehrere Generationen dagegen intervenierten – erfolglos.

Die wirtschaftliche Potenz der Gemeinde und deren Selbstbewusstsein spiegelten sich im Kirchenbau wider. Die Spätgotik des 15. Jahrhunderts lieferte die Hülle. Der Barock des 17. und 18. Jahrhunderts prägt noch heute den Kirchenraum, und der Historismus des 19. Jahrhunderts überformte alles etwas.

Dem spätgotischen Neubau sind der Chorturm mit Kreuzgewölbe und das Langhaus zuzuordnen. Der Triumphbogen wurde allerdings erst 1823 geschaffen. Die nördlich angrenzende Sakristei war ursprünglich kreuzgewölbt; das Tonnengewölbe wurde erst nachträglich eingebaut. Eine Piscina (Wasserbecken mit Abfluss) kann noch der vorreformatorischen Zeit zugeordnet werden. Ebenfalls spätgotisch ist der Taufstein; eine Mitte des 19. Jahrhunderts angefertigte Kopie steht in der Sonneberger Stadtkirche St. Peter.

Abb. 3: Barockkanzel in der Kirche Oberlind

Wesentlich bestimmte jedoch der Barock das Erscheinungsbild. 1617 wurde zunächst der Turm aufgestockt. 1697 erfolgte ein größerer Umbau,

Abb. 4 und 5: Herrenstände für Johann Christoph Baumann und Georg Hartmann von Erffa

bei dem die viergeschossige Empore, die Holztonne, die Kanzel sowie ein angebauter Treppenturm entstanden. Die Kanzel ruht auf einem Palmstabfuß, trägt plastische Darstellungen von Propheten und Evangelisten am Korb; ein segnender Christus bekrönt den Schalldeckel.

Die Emporenbrüstungen wurden 1697 mit biblischen Szenen und erklärenden Schriftfeldern bemalt; die Ausgießung des Heiligen Geistes an der Decke wurde ebenfalls in dieser Zeit geschaffen. Separate Stände auf der ersten Empore für den Rittergutsbesitzer Georg Hartmann von Erffa (Unterlind) und den Hammergewerken Baumann (Friedrichsthal und Hüttensteinach) sind durch deren Familienwappen gekennzeichnet. Der barocken Ausstattung zuzuordnen ist der farblich gefasste Grabstein des Oberlinder Pfarrers Johann Christoph Kannemann (1737).

Aus der barocken Bemalung der Emporen stechen Felder auf der westlichen Empore heraus. Die Porträts der Reformatoren Martin Luther und Philipp Melanchton sowie die Darstellungen Anbetung der Heiligen drei Könige, Abendmahl und Kreuztragung Christi malte 1823 der in Oberlind wirkende Georg Friedrich Rau. Mit dem in biedermeierlicher Ästhetik gehaltenen Arbeiten Raus begann die historistischen Umgestaltung der Kirche. 1823, 1864 und 1912 erfolgten größere Umbauten. Prägend waren hier vor allem die Jahre 1912 bis 1914. Dabei wurde die ursprüng-

Abb. 6: Feldseite der Kirchhofmauer in Oberlind, bis ins 19. Jahrhundert von einem Wassergraben umgeben

lich über dem Chor angebrachte Orgelempore an die Westseite verlegt sowie die Bleiverglasungen im Chor eingebaut (Abendmahl und segnender Christus von Firma Wilhelm Franke, Naumburg).

Die Orgel ist ein Werk der Werkstatt Wilhelm Sauer (1831–1916) aus Frankfurt an der Oder (1899); der Prospekt ist älter und wurde von dem Neustadter Orgelbauer Georg Christoph Hofmann (1778–1857) geschaffen.

Von den älteren Glocken blieben Bronzeglocken von Paul Heyder in Hildburghausen (1559) und Johann Andreas Mayer (1721–1787) in Coburg (1783) erhalten. Nach dem Ersten Weltkrieg wurde eine Eisenhartgussglocke von Schilling & Lattermann in Apolda (1920) eingebaut. Nach dem Zweiten Weltkrieg wurden 1949 drei Bronzeglocken von Schilling & Söhne in Apolda angeschafft.

Prägend für das Äußere der Kirche ist bis heute die Wehrhaftigkeit von Chorturm und Kirchhof. Befestigte Kirchhöfe sind in Franken nicht selten und deuten gleichermaßen auf wirtschaftliche wie rechtliche Stärke der dörflichen Gemeinschaft. Einerseits musste die Dorfgemeinde sich die Befestigung leisten können, andererseits über das Recht auf Befestigung verfügen. Die Landesherrschaft wiederum hatte ein Interesse daran, dass die Untertanen im Kriegsfall nicht schutzlos blieben. Kirchhofbefestigungen waren grundsätzlich defensiv ausgerichtet. Das heißt: Primär ging es darum, das Leben und die Habseligkeiten der Einwohner zu schützen, weshalb innen sogenannte Gaden (Lagergebäude) eingerichtet waren. Die Wehrmauer entstand wohl im 15. Jahrhundert und wurde 1524 erneuert (Jahreszahl am Tor). Eine neue Toranlage wurde

Abb. 7: Schießscharte in der Kirchhofmauer in Oberlind, von der Feldseite aus gesehen

1539 errichtet. Umgeben war die Anlage von einem Graben, der 1865 eingeebnet wurde. 1899 wurde die Toranlage abgebrochen. Als Friedhof wird der Kirchhof bereits seit 1761 nicht mehr benutzt.

Schlüssel- und Schlitzscharten deuten noch heute auf die fortifikatorische Bedeutung, die durchaus mit Stadtmauern auf eine Ebene zu stellen sind. Sie dokumentierten die Eigenständigkeit der städtischen wie dörflichen Communitas. Insbesondere die Türmchen des Kirchturmes, die kaum praktisch nutzbar waren, dürfen hier – mit einem Wort des Burgenforschers Joachim Zeune – als „Architektur der Wehrhaftigkeit" zu deuten sein.

Kirchhof und Umfeld von St. Aegidien beherbergen eine ganze Reihe jüngerer Denkmäler: Im Kirchhof entstand 1960 eine Gedenkstätte für die Opfer beider Weltkriege aus dem Kirchspiel. Eine Gedenktafel vor drei Steinkreuzen erinnert an sie. Vor der Kirche wurde 1895 auf Veranlassung des örtlichen Kriegervereins ein Denkmal an den Krieg 1870/71 errichtet. Das Denkmal für die Gefallenen des Ersten Weltkriegs entstand 1924 nach Entwurf des Architekten Ernst Leistner in Stuttgart.

Weiterführende Literatur

Berbig, Georg: Sonneberg im Zeitalter der Reformation. Sonneberg 1905.

Ders.: Die erste kursächsische Visitation im Ortsland Franken. In: Archiv für Reformationsgeschichte. 3 (1905/06), S. 336–402; 4 (1906/07), S. 370–408; 5 (1907/08), S. 398–435.

Hermann, Rudolf: Die Prediger im ausgehenden Mittelalter und ihre Bedeutung für die Einführung der Reformation im Ernestinischen Thüringen. In: Beiträge zur Thüringischen Kirchengeschichte 1 (1929/31), S. 20–68.

Rebhan, Julius: Geschichte der Stadt Oberlind i. Thür. 1935, Ndr. Sonneberg 2000.

Schoenau, Hanns Arthur: Luther im Sonneberger Land. Sonneberg 1996.

Schwämmlein, Thomas: Landkreis Sonneberg. Altenburg 2005 (Denkmaltopographie der Bundesrepublik Deutschland. Kulturdenkmale in Thüringen 1).

Ders.: Stadt und Land während der Reformation – die reformatorische Bewegung in den Gerichten Sonneberg und Neustadt. In: Moczarski, Norbert/Witter, Katharina (Hrsg.): Thüringische und Rheinische Forschungen. Bonn – Koblenz – Weimar – Meiningen. Festschrift für Johannes Mötsch zum 65. Geburtstag. Leipzig/Hildburghausen 2014, S. 164–180

Stammberger, Günter: Martin Luthers Beziehungen zum Raum Hildburghausen-Sonneberg und einigen unterfränkischen Orten. In: Jahrbuch des Hennebergisch-Fränkischen Geschichtsvereins 13 (1998), S. 93–122.

Stätten des Glaubens in Burgwindheim

Von Annette Schäfer

Die Geschichte der Burgwindheimer Wallfahrt beginnt im Jahr 1465. Am Fronleichnamstag hatte sich die Einwohnerschaft zur Prozession versammelt. An einem der Prozessionsaltäre geschah dann ein – so vermeldet es ein drei Jahre später verfasster Augenzeugenbericht – „merklich Wunderzeichen": Ohne äußeres Zutun fiel die Monstranz um, öffnete sich, und die Hostie fiel zu Boden. Nachdem der Leib Christi auf der Erde lag und sich nicht mehr aufheben ließ, wurde das benachbarte Kloster Ebrach als Ortsherrschaft informiert. Dort bereitete sich Abt Burkard Scheel (reg. 1455–1474) eine Woche lang mit Beten und Fasten vor, um dann an der Oktav von Fronleichnam mit großem Gefolge nach Burgwindheim zu ziehen und die Hostie zu heben.

Abb. 1: Das „merklich Wunderzeichen" des Jahres 1465: Bei der Fronleichnamsprozession fällt die Hostie aus der Monstranz zu Boden und lässt sich nicht mehr heben. Das Deckengemälde über dem Altar der Burgwindheimer Pfarrkirche St. Jakobus aus der Hand von Clemens Lünenschloß zeigt dieses Ereignis in barocker Theatralik.

Abb. 2: Die Kapelle, die im Jahr 1597 über der Wallfahrtsstätte errichtet wurde, vereint als Bauwerk der Gegenreformation architektonische Elemente der Gotik und der Renaissance. Die sparsam eingesetzten Ornamente der Fassade verweisen mit Pylonen, Oculi-Fenstern und faszierten Laibungen auf die Schwelle zum 17. Jahrhundert, lassen aber mit einem gotischen Spitzbogenportal keinen Zweifel an der vorreformatorischen Formensprache.

Am Ort des Wunders war mittlerweile ein hölzerner Verschlag errichtet worden, der zwei Jahre später durch eine gemauerte Kapelle ersetzt wurde. Das hohe Wallfahrtsaufkommen machte

Abb. 3: Der Gegensatz der Baustile wird im Inneren der Wallfahrtskapelle noch deutlicher. Das Kreuzrippengewölbe und geschnitzte Emporen an der Westseite stammen aus der Erbauungszeit, die Ausstattung ist ein Werk der wieder aufblühenden Wallfahrtstätigkeit nach dem Ende des Dreißigjährigen Kriegs. Zentrum des barocken Altares ist die Stelle des Hostienfalls, die unter der Altarmensa zu sehen ist.

schon bald einen größeren Neubau erforderlich. Verschiedene Hindernisse ließen aber dann erst über 100 Jahre später diese Pläne Wirklichkeit werden. Der Ebracher Abt Hieronymus Hölein

Abb. 4: Nahe der Wallfahrtskapelle wurde 1626 eine Quelle als heilkräftig erkannt und gefasst. Die zahlreichen Wunder, die auf das Wasser zurückgehen, wurden in einem Buch niedergeschrieben, das im Jahr 1631 im Kriegsgeschehen verbrannte. Erst 1690 entstand ein Brunnenhaus, das Leonhard Dientzenhofer mit großer architektonischer Würde plante.

(reg. 1591–1615) ließ 1594 die alte Kapelle abreißen und den heutigen Neubau errichten, den am 19. Mai 1597 der Bamberger Weihbischof Johannes Ertlin († 1607) mit Einverständnis des zuständigen Diözesanbischofs Julius Echter von Mespelbrunn (reg. 1573–1617) weihte.

Die Kapelle selbst ist in ihrer Gestalt ein bedeutendes Beispiel für die Architektur der Gegenreformation. Elemente der Gotik erinnern an die Zeiten vor der Glaubensspaltung. Dies zeigt sich vor allem an der Westfassade. Auch im Inneren dominiert das gotische Kreuzrippengewölbe, wobei die Ausstattung erst nach der Unterbrechung durch den Dreißigjährigen Krieg gefertigt wurde. Der Altar der Wallfahrtskapelle ist das geistliche Zentrum des Dorfes Burgwindheim. Auf engstem Raum ist hier noch einmal das Wallfahrtsgeschehen am Originalschauplatz zusammengefasst. Federführend für die Gestaltung des Altarraumes war die 1649 von Abt Petrus Scherenberger (reg. 1646–1658) gegründete „Bruderschaft des Allerheiligsten Sakramentes in Burgwindheim", die – nach einer Vereinigung mit der römischen Erzbruderschaft Corpus Christi mit zahlreichen Ablässen und Privilegien versehen – die Wallfahrt nach dem Krieg wieder in Schwung brachte. Im Zuge der Säkularisation allerdings war die Kapelle vom Abbruch bedroht. Nur dem Eingreifen der Burgwindheimer Posthalterin Margaretha Ibel war es zu verdanken, dass das Bauwerk erhalten blieb.

Nur wenige Meter unterhalb der Kapelle steht der „Blutsbrunnen". In ihm ist eine Quelle gefasst, die 1626 als heilkräftig erkannt und in die Wallfahrt integriert wurde. Einem ersten, eher provisorischen Brunnenhaus folgte ab 1690 ein ebenso schlichtes wie eindrucksvolles Gebäude nach einem Entwurf von Leonhard Dientzenhofer (1660–1707). Auf quadratischem Grundriss erhebt sich ein auf allen vier Seiten durch Rundbogen zugängliches Bauwerk, das von einer schiefergedeckten, geschweiften Haube mit Laterne abgeschlossen wird. Ohne barocke Spitzfindigkeiten strahlt der Blutsbrunnen mit klarer, zweckgerichteter Architektur große Würde aus.

Eine wahre Dominante im fast städtisch anmutenden Straßenbild von Burgwindheim ist das ehemalige Amtsschloss des Klosters Ebrach am östlichen Ortsausgang. Zu prachtvoll für ein dörfliches Pfarrhaus, mit durchdachter Grundrisslösung und ausgeklügelten Fassaden zu allen Ansichtsseiten, zieht es die Blicke der Durchreisenden auf sich. Schon seit dem Mittelalter ist dieser Standort für den Pfarrhof belegt und diente jeweils einem als Pfarrvikar delegierten Ebracher Mönch als Wohn- und Dienstsitz. Zu Beginn des 18. Jahrhunderts beschloss das Kloster, den nach Sulzheim zweitgrößten Ebracher Amtssitz von Mönchherrnsdorf nach Burgwindheim zu verlegen, sodass ein Neubau notwendig wurde. Klar sind die Daten des Baus: 1720 war der Rohbau fertiggestellt; nach den Steinmetzarbeiten, der Stuckierung, dem Dach und allen Restarbeiten konnte das Amtsschloss 1728 eingeweiht werden.

Gesichert ist, dass die Stuckarbeiten von Georg Hennicke stammen, der auch die Stuckierungen in Schloss Weißenstein in Pommersfelden und im Kaisersaal von Kloster Ebrach geschaffen hat, er gilt als bedeutendster Vertreter des Bandelwerkstucks in Franken. Auch der Zimmermeister des Dachstuhls ist nachgewiesen, nämlich Johann Martin Antretter; er war 1723 bis 1745 auch Bürgermeister von Burgwindheim. Als Verfasser der

Abb. 5: Ab 1720 entstand ein barockes Schlösschen, in dem das Kloster Ebrach einen Amtssitz zur Verwaltung der umliegenden Gemeinden einrichtete. Hier hatte auch der mit der Seelsorge betraute Mönch seinen Sitz. Bis heute dient das Amtsschloss als Pfarrhaus. Der Zeichner Adam Friedrich Thomas Ostertag (1808–1872) hielt es um die Mitte des 19. Jahrhunderts in einer schlichten Grafik fest.

architektonischen Planungen Joseph Greissing (1664–1721), ein gebürtiger Vorarlberger, anzusehen. Da aus den Plänen nicht sicher hervorgeht, wer sie verfasst hat, kann man bei der Frage nach dem Urheber nur mit stilkritischen Vergleichen vorgehen. Dazu werden die barocken Bauten des Klosters Ebrach oder die Schlösser von Burgpreppach und Oberschwappach herangezogen. Zudem war Greissing als Klosterbaumeister von

Abb. 6: Das Amtsschloss in Burgwindheim von Osten. Südlich vorgelagert waren dem barocken Gebäude bis ins 19. Jahrhundert große Teichflächen.

Ebrach der naheliegendste Schöpfer der aufwendigen Architektur des Amtsschlosses von Burgwindheim.

Das größte kirchliche Bauwerk in Burgwindheim ist die Pfarrkirche in der Ortsmitte, die Jakobus dem Älteren geweiht ist. Zur Bauzeit des Amtsschlosses war der Vorgängerbau in höchst bedenklichem Zustand, sodass zwischen 1748 und 1751 ein Neubau errichtet wurde. Im Gegensatz zum eher schlichten Außenbau zeigt sich im

Abb. 7: In der Pfarrkirche St. Jakobus bilden die Altäre den Ort des barocken „theatrum sacrum". Dank Bleiweiß, Gold und Marmorierung entsteht eine Bühne für die Gottesdienste, die zentrales Element des pfarrlichen Lebens wie des Wallfahrtsgeschehens waren.

Innenraum ein Kleinod des fränkischen Spätbarock, gestaltet von namhaften Künstlern. Die gleichermaßen dezenten wie detailreichen Stuckierungen schuf der Würzburger Hofbildhauer Johann Wolfgang von der Auwera (1708–1756). Die drei großen Deckenfresken mit den Darstellungen des Wallfahrtsgeschehens stammen von Anton Clemens Lünenschloß (1678–

1763). Über dem Altar, in der Mitte des Kirchenschiffes und über der Orgelempore werden in zeitgemäßer Bühnenhaftigkeit der Fall der Hostie an Fronleichnam, ihre feierliche Erhebung und die Heilkraft des Wassers aus dem Blutsbrunnen nacherzählt. Die drei Altäre entwarf Balthasar Neumann (1687–1753). Sie sind aufgrund ihrer Ausführung ausschließlich in Bleiweiß, Marmorierung und Gold Höhepunkte barocken Kunstschaffens.

Im Inneren der Burgwindheimer Pfarrkirche treffen sich also Frömmigkeit, Wallfahrtstradition und die künstlerische Spielfreude des Spätbarock auf eine Weise, wie sie selten in Franken zu finden ist.

Abb. 8: Turm der Pfarrkirche St. Jakobus in Burgwindheim

Weiterführende Literatur

Brandl, Martin: Burgwindheim. Pfarrkirche, Wallfahrtskapelle und Schloß. Gerchsheim 2002.

Dippold, Günter: Burgwindheim als Wallfahrtsort. In: ders./Kühhorn, Renate/Rössler, Wolfgang (Hrsg.): Der Vergangenheit auf der Spur. Eine Entdeckungsreise durch das Bamberger Land. Bamberg 2006, S. 62f.

Mack, Johannes: Der Baumeister und Architekt Joseph Greissing. Mainfränkischer Barock vor Balthasar Neumann. Würzburg 2008 (Veröffentlichungen der Gesellschaft für fränkische Geschichte VIII, 16).

Neundorfer, Bruno: Burgwindheim und seine Wallfahrt. Bamberg 1981.

Mehr als Schloss und Schönborn

Das barocke Dorf Pommersfelden

Von Annette Schäfer

Mit Schloss Weißenstein, dem Sommersitz von Kurfürst Lothar Franz von Schönborn (1655–1729), verfügt das Dorf Pommersfelden an der Grenze von Ober- zu Mittelfranken über eines der prachtvollsten Barockschlösser Süddeutschlands. Der Glanz dieses Bauwerks, geschaffen durch so prominente Architekten wie Johann Dientzenhofer (1663–1726), Johann Lucas von Hildebrandt (1668–1745) und Maximilian von Welsch (1671–1745), überstrahlt ein Dorf, in dem die wechselvolle Geschichte der Konfessionen nachvollziehbar ist. Denn Pommersfelden ist eine evangelische Insel inmitten des Hochstifts Bamberg.

Den protestantischen Glauben brachte die Familie derer von Truchseß, die seit dem 14. Jahrhundert in Pommersfelden ansässig war und um 1550 die Reformation rund um das heimische Wasserschloss einführte. Eben dieses Wasserschloss ist bis heute das Zentrum des Ortes. Es reicht bis ins 14. Jahrhundert zurück, wurde aber im Bauernkrieg von 1525 zerstört. Die Familie von Truchseß ließ es auf der bestehenden Insel in quadratischer Form mit Ecktürmen wiedererrichten und bewohnte es bis zum Tod des letzten Familienmitglieds, Friedrich Ernst, der nach diversen Händeln mit seiner Familie und der Obrigkeit im April 1710 verstarb.

Nach seinem Tod fiel das Dorf an Lothar Franz von Schönborn, den Erzbischof von Mainz und Fürstbischof von Bamberg. Nun veränderten sich das Leben im Dorf und seine Gestalt rasant. Der neue katholische Eigentümer – Kunstliebhaber und Sammler, nach eigenen Aussagen vom „Bauwurmb" besessen – fand ein baufälliges Wasserschloss ohne tragfähige Fundamente vor. Als „speluncam ladronam", als Räuberhöhle, bezeichnete der neue Eigentümer sein Erbe und beschloss bald, nicht das alte Schloss umzubauen,

Abb. 1: Schloss Weißenstein in Pommersfelden, eines der bedeutendsten Barockbauwerke Süddeutschlands, erbaut zwischen 1711 und 1718

Stegwiese
Am Sambacherweg
PARK
Schloß Weißenstein
Brunnenleite

Abb. 3: Reste des Wasserschlosses von Pommersfelden. Der Sitz der Familie Truchseß war 1710 baufällig. In der Folge wurde er – parallel zum Bau des Schlosses Weißenstein – in einfachen Barockformen erneuert. Im 19. Jahrhundert verfiel allerdings auch dieser Bau und wurde großteils abgetragen.

sondern an anderer Stelle ein neues, repräsentatives Sommerdomizil zu errichten.

So entstand zwischen 1711 und 1718 das eingangs genannte prachtvolle Barockschloss an einem Hügel etwas südlich des eigentlichen Dorfkerns. Das Wasserschloss wurde bis 1724 in einfachen Barockformen wiederaufgebaut. Doch auch das Dorf Pommersfelden selbst erhielt ein neues, barockes Gesicht. Zahlreiche Amtsträger und Bedienstete der fürstbischöflichen Entourage ließen sich hier nieder und bauten zwischen die Bauernhöfe der alteingesessenen Bewohner moderne Wohnhäuser mit typisch barockem Zierrat, Mansarddächern oder Fassadenornamenten. Bis heute ist der architektonische Einfluss der katholischen Neubürger in der Bebauung rund um die Schlossmauer zu erkennen.

Bald folgten öffentliche Bauten dem neuen Stil. So entstand 1752 an der Stelle eines früheren würzburgischen Lehengütleins ein qualitätvolles barockes Amtsgebäude für die Verwaltung des Ortes unter der Schönborn-Herrschaft. Zu erkennen ist dies an der Widmung über dem Eingangs-

<

Abb. 2: Uraufnahmeblatt von Pommersfelden, 1843. Nördlich des ausgedehnten Schlossparks liegt das Dorf, in dessen Westen die alte Wasserburg.

Abb. 4: Das barocke Wasserschloss Pommersfelden. Zeichnung von Adam Friedrich Thomas Ostertag, 1839

portal: „regnante fauste d. Erwino pio iusto et augusto ex comitibus Schönbornianis" ([erbaut] unter der glückverheißenden Regierung des frommen, gerechten und erhabenen Erwin aus der Familie der Grafen von Schönborn). Bis heute befindet sich hier die Gemeindeverwaltung von Pommersfelden.

Das Nebeneinander der Konfessionen zeigt sich eindrücklich gleich gegenüber dem Rathaus, nämlich an der Kirche. Sie gründet noch in vorreformatorische Zeit als Filialkirche der Slawenkirche im 15 km entfernten Seußling. Um weite Wege zu ersparen, wurde 1349 durch eine Stiftung von Heinrich Truchseß von Pommersfelden eine eigene Pfarrei eingerichtet. Wie die Kirche zu dieser Zeit aussah, ist nicht bekannt. 1442 wurde eine neue Kirche eingeweiht. Sie überstand Reformation und Gegenreformation, nahm aber im Dreißigjährigen Krieg erheblichen Schaden. Eine Wiedererrichtung des 17. Jahrhunderts

Abb. 5: Im Inneren der evangelischen Pfarrkirche dominiert der barocke Altar. In ihn ist die von der Familie Truchseß gestiftete Kanzel aus dem Jahr 1599 integriert. Sie stammt aus einem Vorgängerbau der 1752 geweihten Barockkirche und setzt mit ihren schlichten Renaissance-Intarsien einen Kontrapunkt zu den barocken Formen des Altars.

Abb. 6: Das Schönborn'sche Amtshaus aus dem Jahr 1752, heute Rathaus der Gemeinde Pommersfelden (Aufnahme 2010)

hielt nicht lange, sodass ein völliger Neubau erforderlich wurde. Im selben Jahr wie das gegenüberliegende Rathaus, nämlich 1752, wurde die neue, barocke Kirche fertiggestellt. Sie folgt einem schlichten, protestantischen Predigtstil und kommt im Außen- wie im Innenbau nahezu ohne Ornamente und Dekorationen aus. Im Chor fällt sofort der beherrschende hölzerne Kanzelaltar von 1770 ins Auge, wobei der Kanzelkorb der alten Kirche aus dem Jahr 1599 in den Neubau übernommen wurde. Neben der Kirche im benachbarten Steppach verfügt im Landkreis Bamberg nur Pommersfelden über einen so unverwechselbar protestantischen Kanzelaltar. Eine auf drei Seiten umlaufende Empore zeigt nazarenische Szenen des Neuen Testaments; sie stammen aus dem 19. Jahrhundert. Besondere Erwähnung verdienen die Epitaphien an den Seitenwänden der Kirche und vor allem im Chorraum. Sie reichen bis ins 15. Jahrhundert zurück und zeigen Mitglieder der Familie Truchseß.

Kurz vor dem Kirchenneubau entstand – ebenfalls in der Ortsmitte neben dem Wasserschloss – ein Pfarrhaus, für das Schönborn seinen Bamberger Hofbaumeister Johann Jakob Michael Küchel (1703–1769) zur Verfügung stellte und 94 Baumstämme aus fürstbischöflichen Wäldern zum Bau spendete.

Abb. 7: Evangelisches Pfarrhaus von Pommersfelden, um 1750 nach Plänen von Johann Jakob Michael Küchel errichtet

In kaum einem Ort ist so deutlich wie in Pommersfelden die Geschichte der Herrschaften und Konfessionen zu sehen. Das Nebeneinander von evangelischen und katholischen Bewohnern funktioniert bis heute.

Weiterführende Literatur

Dippold, Günter/Kühhorn, Renate/Rössler, Wolfgang (Hrsg.): Der Vergangenheit auf der Spur. Eine Entdeckungsreise durch das Bamberger Land. Bamberg 2006.

Lottes, Martin: Chronik Pommersfelden. Die Geschichte des ehemaligen Ritterortes Pommersfelden. Pommersfelden 1994.

Schneider, Erich/Weiß, Dieter J. (Hrsg.): 1711–2011: 300 Jahre Schloss Weißenstein ob Pommersfelden. Wissenschaftliches Symposium der Gesellschaft für Fränkische Geschichte am 15. und 16. September 2011. Würzburg 2014 (Veröffentlichungen der Gesellschaft für fränkische Geschichte VIII, 17).

Spath, Georg: Die letzten Truchsesse von Pommersfelden. Höchstadt a. d. Aisch 1936.

Die Synagoge Memmelsdorf als Zeugnis jüdischen Lebens in fränkischen Landgemeinden

Von Hansfried Nickel

Eine Dorfchronik, verfasst von dem Lehrer Georg Düll in den Jahren 1927 bis 1932, vermerkt den ersten Zuzug von zwei Juden nach Memmelsdorf (Gemeinde Untermerzbach, Unterfranken) zur Jahreswende 1652/53, die für den Einzug je einen fränkischen Gulden zahlen mussten. In der Ortschronik werden zunächst zwei Schutzherren genannt, Wilhelm von Lichtenstein, der das sogenannte Schlösslein an der Alster bewohnte, und die erstmals 1653 erwähnte Familie von Buttlar, die ein Schlossgut am Ende der heutigen Schlossgasse erbaute.

Zu diesem Gut gehörte ein großer Garten zwischen der Schloss- und der Judengasse, an dessen östlichem Ende von Buttlar mehrere Häuser errichtete und den „Juden überließ". Die Bewohner dieser sogenannten Freiheitshäuser waren von jeder Brunnen-, Brücken- und Gemeindefron befreit, mussten dafür aber jährlich einen halben Gulden zur Gemeindekasse geben.

Mit dem Kauf des Rittergutes Gereuth am 29. Januar 1705 erwarb der Würzburger Fürstbischof Johann Philipp von Greiffenclau zu Vollraths (reg. 1699–1719) auch das Buttlarsche Gut und das „Lichtensteinhaus" in Memmelsdorf. In der Dorfchronik werden die Greiffenclau vom 18. Jahrhundert an als Schutzherren der Memmelsdorfer Juden genannt.

Die Zahl der jüdischen Einwohner Memmelsdorfs wuchs im 17. und 18. Jahrhundert. Die Gemeinde hatte im ersten Viertel des 19. Jahrhunderts mit etwa 240 Personen (ungefähr ein Drittel der Bevölkerung) den größten Umfang in ihrer Geschichte.

Seit Mitte des 19. Jahrhunderts ging die Zahl der jüdischen Bewohner Memmelsdorfs kontinuierlich zurück, eine Folge der zunehmenden Auswanderung vor allem nach Amerika, aber auch der Abwanderung in größere Städte, die nach der Aufhebung des Matrikelparagraphen 1861 und dem Ende der Wohnortbeschränkung möglich wurde. 1933 zählte die jüdische Gemeinde noch 25 Personen. Bis Dezember 1939 zogen die letzten von ihnen in größere deutsche Städte (Bamberg, Frankfurt am Main, München, Nürnberg, Würzburg und Schweinfurt) und wurden von dort aus deportiert und ermordet. Nur Einzelnen gelang die rechtzeitige Emigration ins Ausland.

Lothar von Greiffenclau förderte der Überlieferung nach im Jahr 1728 den Bau der Synagoge dadurch, dass er den Bauplatz, freilich von der Häuserfront der Judengasse zurückgesetzt, an die jüdische Gemeinde verschenkte. An einem Fenstergitter der Ostwand der Synagoge verweist noch heute eine kunstvoll geschmiedete „Greifen-

Abb. 1: Die Synagoge in Memmelsdorf i. Ufr., Außenansicht

klaue" – der Helmzier des Familienwappens entnommen – auf die ehemaligen Schutzherren.

Im Staatsarchiv Würzburg befindet sich ein im Jahre 1817 vom Landrichter von Ebern erstelltes Verzeichnis der in seinem Bezirk gelegenen Synagogen. Darin wird als Zeit des „Bestandes" der 25. Juni 1729 genannt. Die Synagoge in Memmelsdorf besitzt einen quadratischem Grundriss mit den Ausmaßen von circa 13 x 13 Meter. Ein Drittel des Gebäudes ist doppelstöckig ausgebaut. Oben befindet sich die Frauenempore mit einem eigenen Eingang an der Nordostecke, darunter ein heizbarer Raum, der sich nach Abnahme der nachträglich angebrachten Wandverkleidungen als Lehrerwohnung mit Küche, Wohnstube und Schlafkammer herausstellte.

Im eigentlichen Synagogenraum ist das Vorlesepult (Almemor) nicht mehr vorhanden. Der Schrank mit Schriften an der Westseite ist ebenso wie die Bänke und der Vorhang vor dem Thora-

Abb. 2: Der Betsaal der Synagoge Memmelsdorf i. Ufr.

schrein (Aron Ha Kodesch) den Verwüstungen während des Pogroms 1938 zum Opfer gefallen. Jüdische Männer mussten die Thorarollen und andere Schriftstücke auf einen Karren laden, auf ein benachbartes Feld fahren und dort auf ihnen herumtrampeln. Dann wurden die Schriften zusammen mit Teilen der Inneneinrichtung verbrannt. Ebenfalls abgerissen ist in der Zwischenzeit der Vorbau mit einem Waschbecken an der Südwestecke.

Die Gestaltung der Ostwand trägt mit den beiden Fenstern links und rechts und dem Misrachfenster oberhalb des steinernen Thoraschreins der Forderung des Talmud Rechnung, dass Tageslicht durch Öffnungen von Osten in den Betraum fallen soll. Der Aron Ha Kodesch wird von

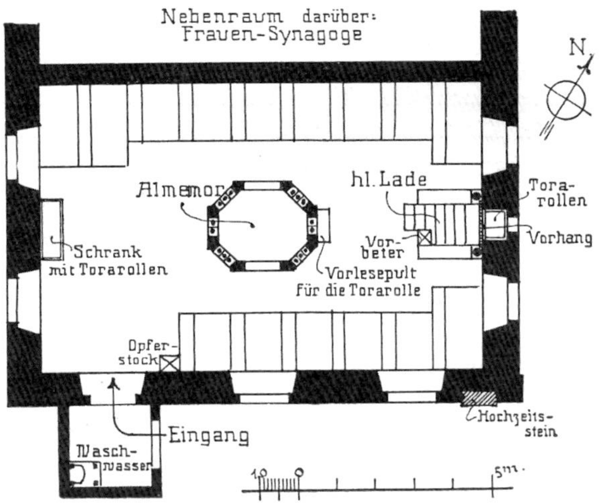

Abb. 3: Grundriss der Synagoge Memmelsdorf, 1916

einem Segmentgiebel bekrönt, dessen Fassungen noch sehr gut erhalten sind. Im Giebelfeld sind die Gebotstafeln und darunter in einer ovalen Kartusche die Krone als Symbol der Weisheit der Thora, des Gesetzes, zu sehen. Unüblicherweise nehmen die Schriftzüge der zehn Gebote zwei mal sechs statt zwei mal fünf Zeilen ein. In einer früheren Fassung, die später übermalt wurde, steht in den ersten Zeilen der beiden Spalten der Hinweis „Gesetzes-Tafeln". Ein Schriftzug auf blauem Grund mit dem Satz „Wisse vor wem Du stehst" schließt das Giebelfeld ab. Auch er hatte in einer älteren Fassung einen anderen Wortlaut: „Ich habe Gott ständig vor Augen" (Psalm 16, 8).

Wie in anderen Gemeinden wandelte sich die religiöse Sichtweise der jüdischen Gemeinde in Memmelsdorf in Unterfranken im Lauf der Jahrhunderte. Das wird bei Veränderungen der Inneneinrichtung erkennbar, wie aus einer Befunduntersuchung hervorgeht. Spuren im Sandstein des Fußbodens entlang der Südwand und andere an der Ostwand, die geschwungene Oberkantenlinien der Holzrücklage der Bänke und deren Befestigungslöcher erkennen lassen, deuten darauf hin, dass die Sitzbänke zunächst entlang den Wänden angeordnet waren, während auf einem überlieferten Grundriss und einer Innenaufnahme um 1915 Sitzbänke, erhöht auf einem Holzpodest und nach Osten ausgerichtet, zu sehen sind. Auffallend ist ein später zugemauertes Fenster von der Wohnstube des Lehrers in den Betsaal, dessen Bedeutung noch Rätsel aufgibt.

Wie in jeder jüdischen Gemeinde auch heute noch war die Synagoge (Beth ha Knesseth – Versammlungshaus) der Mittelpunkt des jüdischen Lebens. Besonderer Ausdruck jüdischer Tradition ist der sehr gut erhaltene Hochzeitsstein (Chuppa-Stein) an der Südostecke der Synagoge. Während ihrer über 200jährigen Nutzung durch die Gemeinde wurde die Synagoge mehrfach renoviert. Der letzte Wandanstrich erfolgte 1925.

Der große Synagogenraum hatte ursprünglich eine gewölbte Decke. Dies geht eindeutig aus dem Baubefund im heutigen Dachgeschoss hervor. Eine dendrochronologische Datierung ergab, dass das Tonnengewölbe um 1806 ausgebaut und durch eine Flachdecke ersetzt wurde.

Nach dem Zweiten Weltkrieg wurde die Frauenempore für mehrere Jahre als Wohnraum für eine Flüchtlingsfamilie genutzt. Aus diesem Anlass wurden die Fenster der Empore zum Hauptraum hin notdürftig zugemauert. In die Decke des Synagogenraumes wurde eine Öffnung gebrochen, um so Brennmaterial und andere Gegenstände leichter auf den Dachboden zu befördern.

Die politische Gemeinde nutzte den Raum unter der Frauenempore als Gemeinschaftskühl-

Abb. 4: Besuchergruppe bei der Erschließung der Spuren im Hauptraum

raum. 1968 wurde die Synagoge an die Eigentümer des Hauses Judengasse 8 verkauft, die sie als Werk- und Lagerraum nutzten. Der Sohn des damaligen Besitzers fand in den 1980er Jahren auf dem Dachboden der Synagoge in einem Versteck Textilien, Drucke in hebräischer und deutscher Sprache, religiöse und weltliche Texte und Gegenstände, eine sogenannte Genisa.

1993 gründete sich der Träger- und Förderverein Synagoge Memmelsdorf (Ufr.) e. V. Nach zwei Jahren konnte er sein erstes Ziel erreichen und die Synagoge mit Hilfe des Landkreises Haßberge, der Gemeinde Untermerzbach und eines nicht unerheblichen Spendenaufkommens erwerben.

Um die reichhaltigen Spuren der Geschichte des Gebäudes, der jüdischen Gemeinde von 1728 bis 1938 und der Nachnutzung nach 1945 museumspädagogisch sinnvoll zu nutzen, veranstaltete der Trägerverein 1998 ein Kolloquium mit namhaften Experten der Denkmalpflege und Vertretern jüdischer Museen. An dessen Ende stand der Beschluss, den Synagogenraum in dem Zustand, wie er 1995 übernommen worden war, zu konservieren. Lediglich witterungsbedingte Bauschäden wurden repariert und retuschiert. Ein historisch vielschichtiger Raum wie der Betsaal eröffnet Perspektiven der Betrachtung, die von der Gegenwart bis zurück zur Bauzeit im frühen 18. Jahrhundert reichen. Geschichte soll als Prozess erlebbar werden.

Abb. 5: Schülergruppe auf Spurensuche

Damit war der Grundstein für ein erfolgreiches Zusammenspiel zwischen restauratorischem und museumspädagogischem Konzept gelegt.

Das didaktische Konzept fokussierte sich sehr bald auf die Zielgruppe Jugendliche und Schüler*innen. Diese wurden dann auch in die Entwicklungsarbeit einbezogen. In den Jahren 1998 und 1999 wurden in zwei Feriencamps mit Jugendlichen aus Israel, Polen und Bayern erste Renovierungsarbeiten vorgenommen.

Von 2002 bis 2005 nahm das Friedrich-Rückert-Gymnasium in Ebern an dem Projekt „denkmal aktiv“ der Deutschen Stiftung Denkmalschutz teil. Schülergruppen erarbeiteten unter Begleitung von Mitgliedern des Trägervereins und einer wissenschaftlichen Mitarbeiterin eine Suchbildkartei zur Spurensuche, stellten „Familienschachteln“ mit Dokumenten über das Leben und die Geschichte jüdischer Familien in Memmelsdorf zusammen und konzipierten eine Dauerausstellung in der ehemaligen Lehrerwohnung (jetzt Informationsraum). Für einzelne Besucher entwickelten und gestalteten die Schüler*innen Mappen mit den Spuren und den entsprechenden Auflösungen dazu. Dieses Mosaik aus Spuren und Erläuterungen ergibt in der Summe ein umfassendes Bild der Geschichte der Synagoge Memmelsdorf und des fränkischen Landjudentums am Beispiel dieser Gemeinde.

Das Material ist auf unterschiedliche Jahrgangsstufen und Alter der Besucher abgestimmt. Die Spuren zur Geschichte der jüdischen Gemeinde, zur Synagogenarchitektur und zur Fremdnutzung werden anhand der Kartei gezielt gesucht und Vermutungen dazu geäußert. Die Exponate im Informationsraum geben Auskunft auf die Fragen, die sich dabei ergeben haben. So findet man zum Beispiel dort eine Scherbe der Gedenktafel für die im Ersten Weltkrieg gefallenen jüdischen Bürger von Memmelsdorf, passend zur Spur der während des Pogroms am 10. November 1938 gewaltsam entfernten Tafel an der Innennordwand des Hauptraumes.

Die „Familienschachteln“ – aufbewahrt in der als Seminarraum genutzten Frauenempore – sind Studienobjekte zur Geschichte der Juden in fränkischen Landgemeinden für ältere Schüler und interessierte Erwachsene. Diese bedienen sich auch gerne der Suchbildkartei, um sich so dem Gebäude und dessen Geschichte vorsichtig zu nähern.

Mit „Lernort Synagoge“ wird gut beschrieben, wie das historische Gebäude mit seinem Reichtum an Zeichen jüdischer Geschichte, die Teil der Geschichte Memmelsdorfs ist, nach der Instandsetzung der Nebenräume und der Konservierung des Betsaales mit Leben gefüllt wird.

Weiterführende Literatur

Anfänger, Leopold: Die Juden in Memmelsdorf. In: Blätter für Jüdische Geschichte und Litteratur 5 (1904), S. 1–4, 17–21.

Düll, Georg: Memmelsdorf in Unterfranken – Geschichte des Ortes in Vergangenheit und Gegenwart, aufgezeichnet in den Jahren 1927 bis 1932 (Einzelexemplar).

Oberseider, Herbert: Spuren jüdischer Vergangenheit im Raum Ebern. 2. Aufl. Ebern 2017.

Tagsold, Heike: Synagoge Memmelsdorf. Einladung zur Spurensuche. Haigerloch 2007.

www.synagoge-memmelsdorf.de

Das Schlösschen Maineck

Von Günter Dippold

Auf einer Anhöhe am linken Mainufer baute die Adelsfamilie Förtsch, die sich anfangs nach ihrem Sitz in Menchau, ab 1244 nach ihrer Burg in Thurnau benannte, im frühen 14. Jahrhundert eine Burg, die nahe beim Ort Neuenkirchen lag und den Namen Maineck erhielt. Dieser Burgenname ging offenbar bereits im Lauf des 14. Jahrhunderts auf das Dorf über.

Sicherlich sollte die Burg Verkehrswege sichern: zum einen den Main, der hier mit Flößen befahren wurde, und zum anderen eine Straße von Hollfeld nach Kronach, die bei Maineck den Fluss kreuzte. Eine Brücke wird erstmals 1422 erwähnt.

Von der mittelalterlichen Burg haben sich, soweit bekannt, keine Bauteile erhalten. Die Anlage jedoch lässt die Struktur der Entstehungszeit noch erkennen. Die Burg war von einem trockenen Graben umgeben, den bis ins 18. Jahrhundert eine Zugbrücke überspannte; erst dann wurde sie durch die bestehende Steinbrücke ersetzt. Der Burg südlich vorgelagert war die Ökonomie.

Albrecht Förtsch von Thurnau trug am 4. April 1323 seine neu erbaute Burg Maineck dem Bamberger Bischof zu Lehen auf; er band sich damit politisch an Bamberg. Bald darauf erwarb der Bamberger Dompropst Leupold von Egloffstein († 1343) die Burg von Förtschs Erben, um sie der Bamberger Kirche zu stiften. Er hatte eine solche Zuwendung gelobt, nachdem er auf dem Weg nach Ebrach überfallen und auf wundersame Weise errettet worden war.

Künftig wurden von Maineck aus die Besitzungen des Dompropsts in der Umgebung verwaltet, namentlich die zinspflichtigen Anwesen in Mainroth. In Maineck selbst bildete die Dompropstei zwar die stärkste, aber keineswegs die beherrschende Kraft. Mehrere Grundherren waren im Dorf begütert: Der Fürstbischof von Bamberg, der hier durch das Kastenamt Amt Weismain vertreten wurde, hatte um 1800 16 zinspflichtige Anwesen, dazu die Mühle und das Jägerhaus, das Zisterzienserkloster Langheim drei, die Grafen von Giech vier und die Herren von Künsberg zwei – beide Familien hatten 1564 die ausgestorbenen Förtsch von Thurnau beerbt –, die Herren von Waldenfels vier, die Herren von Redwitz zwei und die Pfarrei Weismain ebenfalls zwei. Die Dorf- und Gemeindeherrschaft, also die Aufsicht über die kommunale Selbstverwaltung und die Rechtsprechung bei Vorfällen auf öffentlichem Grund und Boden, lag beim Bamberger Bischof, nicht etwa beim Dompropst.

Die Burg Maineck wurde im Bauernkrieg von 1525 und im Markgräflerkrieg von 1552/53 zerstört. Inwieweit sie wiederhergestellt wurde,

bleibt unklar. 1668 ist die Rede vom „baufällige[n] Schloß“, was wohl Folge von Verwüstungen im Dreißigjährigen Krieg war. Ein Teil der Gebäude stürzte 1669 ein, wobei drei Menschen schwere Verletzungen erlitten.

Das 18. Jahrhundert hindurch berichtete der dompropsteiliche Amtmann immer wieder von schweren Schäden und Einsturzgefahr nach Bamberg. Dennoch verstand sich das Domkapitel nicht zum Neubau. Daran änderte auch der erschütternde Bericht des domkapitelischen Zimmermanns aus dem Jahr 1774 nichts: Das Schloss bestehe aus drei „elende[n] hölzerne[n] Bauten“.

Die Bamberger Domherren ließen 1781/82 lediglich ein neues Haus für den Amtsknecht errichten. Nach Entwürfen des Staffelsteiner Baumeisters Leonhard Behr († 1796) entstanden, war es nach seiner Fertigstellung als Sitz des Amtmanns im Gespräch.

Erst von 1792 bis 1794 kam ein Neubau des Amtssitzes nach Plänen des bambergischen Hofarchitekten Johann Lorenz Fink (1745–1817) zustande. Von der mittelalterlichen Burg übernahm er offenbar große Teile der Umfassungsmauer, von der Vorgängeranlage nur die wohl 1714 errichtete Registratur, die fortan als Waschhaus diente.

Das Schlösschen wird 1854 beschrieben als zweigeschossiges Wohnhaus mit geräumigem Kellergewölbe, Küche, Speisekammer, fünf heizbaren Räumen im Erdgeschoss, fünf heizbaren Räumen und einer Kammer im ersten Stock sowie zwei geräumigen Dachböden. Nebengebäude waren das Waschhaus mit Backofen, der Viehstall mit zwei gemauerten Schweineställen, der Pferdestall, die Holzlege, ein „Gewölbe zur Aufbewahrung von Gemüßen etc., unter welchem zwei kleine gewölbte Keller sind“. Im Hofraum befanden sich ein Pumpbrunnen, eine „gemauerte Dungstätte“ und ein Hausgärtchen. Ferner gehörte zur Anlage als Rest der alten Schlossökonomie eine Scheune außerhalb der Anlage.

<

Abb. 1: Uraufnahmeblatt von Maineck, 1851. Im Osten des Dorfs der Burgberg mit dem Schlösschen, auf der westlichen Anhöhe der befestigte Kirchhof mit der Allerheiligen-Kirche, deren älteste Teile wohl ins 12. Jahrhundert zurückreichen

Die Burg bzw. das Schlösschen in Maineck war Sitz eines dompropsteilichen Amtmanns. Zwar war ihm nur ein kleiner Sprengel anvertraut, aber es hatten durchaus namhafte Persönlichkeiten die Stelle inne. So wirkte von 1639 bis zu seinem Tod 1647, also während des Dreißigjährigen Kriegs, Moritz Schönfelder aus Weismain als Amtmann in Maineck, ein Bruder des Langheimer Abtes Petrus Schönfelder (reg. 1608–1620) und Großvater des Abtes Gallus Knauer (reg. 1690–1728). Ihm folgte Christoph Burkhardt, diesem dann sein Sohn Bernhard Benedikt Burkhardt. Letzterer amtierte 47 Jahre lang, bis er 1720 starb. Er legte ein musterhaftes Amtsurbar an. Aufgrund des desaströsen Zustands der Burg wohnte er zumindest zeitweilig in Burgkunstadt, wo ein Votivbild in der Fünfwundenkapelle an ihn erinnert.

Der Amtmann, in dessen Amtszeit der Neubau gelang, war Christoph Bausewein. Er hatte in Salzburg studiert, in würzburgischen Behörden gelernt und Güter der freiherrlichen Familie von Guttenberg verwaltet; Dompropst Johann Karl Dietrich Joseph von und zu Guttenberg (1722–1794) berief ihn dann nach Maineck. Bausewein, im Nebenamt Verwalter des Gutes Prügel, das

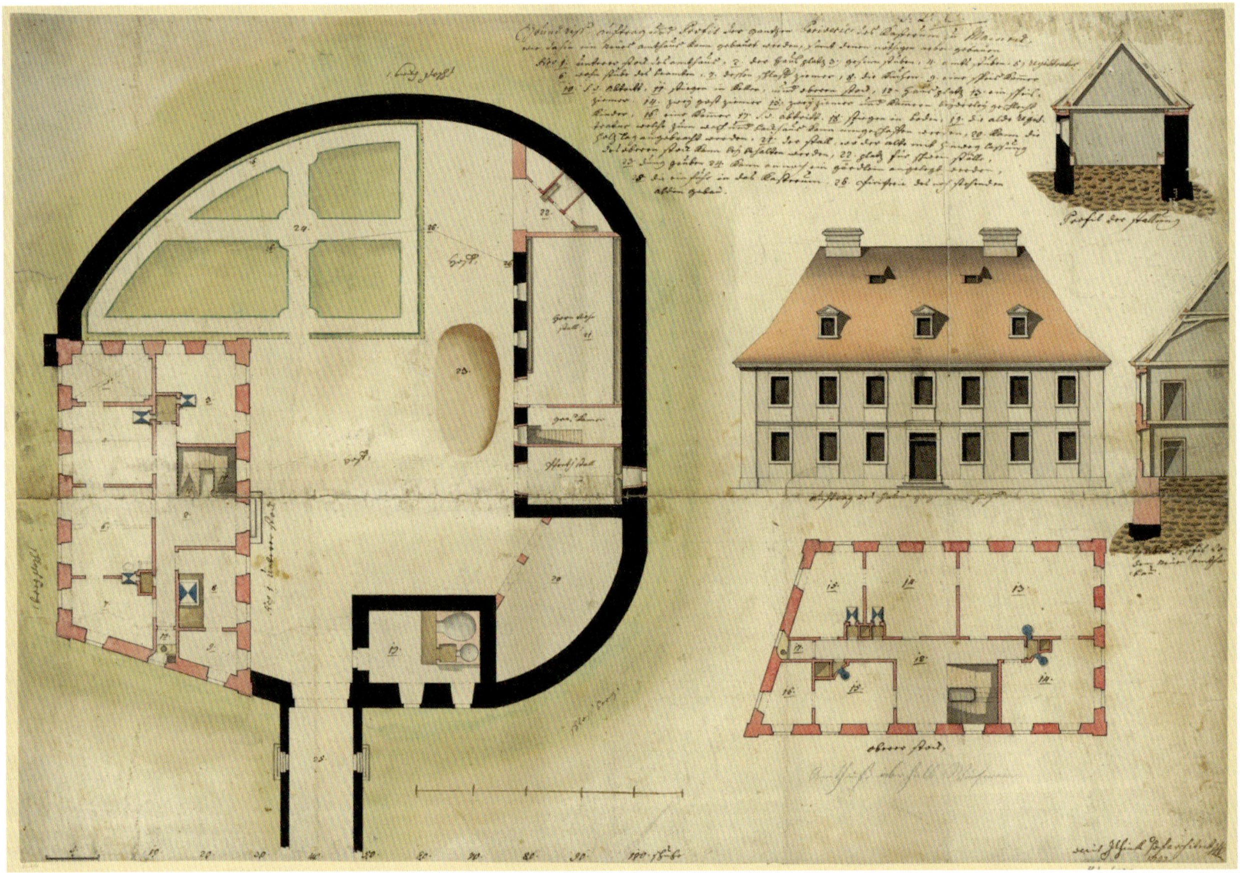

Abb. 2: „Grundriss-Auftrag und Profil der gantzen Periverie des Kasterum zu Maineck, wie dahin ein neues Amthaus kann gebauet werden, samt denen nöthigen Neben-Gebäuen“. Plan des Bamberger Hofarchitekten Johann Lorenz Fink, 1792

dem Aufseesianum gehörte, amtierte hier über die Aufhebung des Domkapitels 1803 hinaus. Bei der Neuorganisation der Verwaltungsbehörden im November 1804 wurde Maineck jedoch dem Landgericht und dem Rentamt Weismain zugeschlagen. Das gerade zehn Jahre alte Amtshaus stand nutzlos da. 1805 sollte es zusammen mit dem Amtsknechtshaus und den Dienstgrundstücken versteigert werden. Doch der Verkauf kam nicht zustande. Im folgenden Jahr bezog es provisorisch der örtliche Revierförster. Seit langem hatte ein fürstbischöflicher Forstbeamter von

Abb. 3: Schlösschen Maineck von Westen, wohl um 1930

Maineck aus den Weismainer und den Mainecker Forst verwaltet; seine Stelle blieb über den Umbruch von 1802/03 hinaus erhalten.

1809 forderte die oberste bayerische Forstbehörde, die Generalforstadministration, das Gebäude als Dienstsitz für den Revierförster. Dies lehnte der für die staatlichen Liegenschaften zuständige Weismainer Rentamtmann brüsk ab: „Das Schloß zu Maineck, welches dermal der Revier-Förster [...] bewohnt, ist nie eine für dem Refierförster bestimmte Wohnung gewessen, sondern [...] von dem ehemaligen Domprobstei-Beamten bewohnt worden; nur in der Eigenschaft eines Pächters und gegen Bezahlung eines Pachtschillings hat Revierförster [...] seit 3 Jahren her diese Wohnung genossen und es kann daher dieses sehr ansehnliche Schloß mit seinen schönen und beträchtlichen Nebengebäuden nicht als ein Forsthauß in Anspruch genommen werden".

Das Finanzministerium zeigte sich der Forstbehörde zugeneigt, so dass aus dem ehemaligen dompropsteilichen Amtssitz nach fünfjährigem

Abb. 4: Schlösschen Maineck von Südwesten

Schwebezustand 1809 ein Forsthaus wurde, zu dem die Scheune und sechs Tagwerk Grund gehörten. Weitere Grundstücke, die Keller unter dem Haus und das Amtsknechtshaus wurden aber tatsächlich an den Meistbietenden verkauft.

Der erste Revierförster, der das Schlösschen bewohnte, war Andreas Lang aus Ebensfeld. Der Sohn eines bambergischen Revierjägers hatte die Arbeit des Försters und Jägers in Strullendorf gelernt, war dann weiter beim fürstbischöflichen Oberjägermeister Heinrich Carl von Schaumberg ausgebildet worden und hatte auf Betreiben des Fürstbischofs eine Reise durch Deutschland, Böhmen, Ungarn und Dalmatien unternommen, „wo

Abb. 5: Schlösschen Maineck von Südosten. Im Hintergrund links die Kirche mit ihrer romanischen Apsis. In der Bildmitte Bauten der ehemaligen Malzfabrik, die von 1898 bis 1979 bestand und von der erhebliche Bauteile wegen Baufälligkeit 2013 abgebrochen wurden. Rechts im Bild die Mainbrücke

ich Gelegenheit hatte, das Jagd und Forstweßen in mancherlei Verhältnissen kennen zu lernen und mir besonders viele nützliche praktische Erfahrungen zu sichten und eigen zu machen". Nach sieben Jahren wurde er wieder in die Heimat berufen und trat in die Dienste des Dompropsts Johann Philipp Anton von Schaumberg (1748–1801), des Bruders seines Mentors, des Oberjägermeisters. Gewiss hatte er es dem Dompropst zu danken, dass ihn der Fürstbischof 1799 zum Revierförster in Maineck ernannte.

Lang wohnte im Schlösschen von 1806 an, bis er 1830 pensioniert wurde. Dienstlich war er zunächst dem Forstamt Stadtsteinach unterstellt, ab 1822 dem Forstamt Kulmbach.

So repräsentativ der Wohn- und Amtssitz war, er gefiel durchaus nicht jedem. Der Revierförster Johann Adam Philipp, der 1850 hierher gekommen war, beantragte 1863 seine Versetzung nach Ebrach und nannte als ersten Grund die Dienstwohnung. Sie sei, „so schön solche auch immerhin aussehen mag, höchst ungesund, so daß meine Familie fast unaufhörlich kränkelt".

Dagegen blieb Philipps Nachfolger Christian Zehelein, der 1863 das Haus bezog, in Maineck, wohl ohne sich fortzubemühen, bis er 1897 in den Ruhestand verabschiedet wurde. Zehelein erlebte, wie 1885, bei der Umstrukturierung des bayerischen Forstwesens, aus der Revierförsterei Maineck ein Forstamt wurde; aus dem Revierförster wurde der Forstmeister Zehelein.

Der Beamte fiel in seinen 34 Mainecker Dienstjahren nur einmal negativ auf, nämlich 1887, als die vorgesetzte Forstabteilung der Regierung wegen seines Auftretens tadelte: Nicht nur, dass er „mit der dortigen bürgerlichen und bäuerlichen Bevölkerung auf sehr vertraulichem und mehr oder minder freundschaftlichem Fuße verkehrt, auch in den öffentlichen Wirthschaften an der gesanglichen und sonstigen Unterhaltung derselben in sehr lebhafter, mit dem Ansehen eines Beamten nicht wohl vereinbarlicher Weise Antheil nimmt". Er sei bei Sitzungen des Forststrafgerichts „in gewöhnlicher Joppe oder in abgetragener [...] Uniform mit in die Waldstiefel eingeschobenen Beinkleidern" erschienen, und „ein derartiges öffentliches Auftreten [sei] eines Beamten im höchsten Grade unwürdig".

So anspruchslos Zehelein bei seiner Kleidung war, so wenig wandte er für seinen Dienstsitz auf. Sein Nachfolger sprach von „ausgesprochener Abneigung des [...] Nutznießers gegen jegliche bauliche Reparatur". Das Haus kam herunter, wie der folgende Oberförster wortreich und farbig schilderte: ausgetretener, notdürftig mit Zement ausgebesserter Bodenbelag, Türen, „deren ehemals weißer Anstrich alle möglichen Schattirungen von Schmutz-Flecken zeigt, welche Seife und Bürste trotzen", Türschlösser, „deren Benutzung ein eingehendes Studium voraussezt", etc.

Nach einer Grundsanierung freilich scheint sich der nächste Forstmeister wohl gefühlt zu haben: Er blieb weit über 20 Jahre, und auch bei den folgenden Beamten waren die Dienstzeiten recht lang.

Am 23. Juli 1959 meldete das Lichtenfelser Tagblatt: „Forstamt Maineck wird aufgelöst". So kam es wenig später. Wieder, wie schon beim Ende des Amtes Maineck im Jahr 1804, stand der Bau leer. Er hätte, ohnehin nicht im besten Zustand, verfallen können, wenn ihn nicht 1971 die Familie Straßgschwandtner erworben und saniert hätte.

Quellen und weiterführende Literatur

Kremer, Dominikus: Maineck. Geschichte eines hochfürstlich-bambergischen Dorfes. Bamberg 1983.

Kunstmann, Hellmut: Der Burgenkranz um Wernstein im Obermaingebiet. Neustadt a. d. Aisch 1978 (Veröffentlichungen der Gesellschaft für fränkische Geschichte IX, 32).

Staatsarchiv Bamberg, K 200/I, Nr. 1723; K 201b, Nr. 1106 und 1110; K 351, Nr. 2504, 3437 und 5407; K 384, Nr. 171.

Die Lichtenfelser Synagoge

Von Günter Dippold

Seit 1268 sind Juden in der wenige Jahrzehnte zuvor angelegten Stadt Lichtenfels nachgewiesen. Die Geschichte der Juden in Lichtenfels ist freilich – wie in vielen Orten – nicht frei von Brüchen. Nach dem Rintfleisch-Pogrom des Jahres 1298, das fünf Todesopfer forderte, sind ab 1403 wieder Juden erwähnt. Als 1478 der Bamberger Fürstbischof alle Juden aus seinem Hochstift hinausdrängte, endete vorerst die Geschichte der Lichtenfelser Gemeinde. Erst zwei Jahrhunderte darauf, im Jahr 1677, gestattete der Bamberger Fürstbischof wieder zwei jüdischen Familien die Niederlassung in der Stadt. Wenig später ist bereits eine Synagoge belegt.

1685 zählte man fünf jüdische Familien mit insgesamt 24 Personen in der Stadt. Jahrzehntelang stieg die Zahl der Juden kaum. Erst um die Mitte des 18. Jahrhunderts beobachten wir einen Zuwachs. 1760 lebten in Lichtenfels 60 Personen in neun Familien.

1755 gestand der Fürstbischof den Lichtenfelser Juden zu, eine neue Synagoge zu errichten. Doch es dauerte über vier Jahrzehnte, bis der Plan in die Tat umgesetzt wurde. Offenbar herrschte unter den Juden Uneinigkeit über den Bauort.

1795 kaufte die jüdische Gemeinde von einem Zimmermann ein Anwesen in der „hinteren Badgasse“, der nachmaligen Judengasse. Das Haus sollte den Vorsänger beherbergen, der Garten als Baugrundstück für die Synagoge dienen. Anfangs lehnte der Stadtrat die Errichtung an dieser Stelle ab, doch bald lenkte er ein. Er bestand lediglich auf eine Regelung der Abgaben, denn da das Grundstück nun einer juristischen Person gehörte, wären keine Zahlungen beim Besitzerwechsel mehr angefallen. Als die Juden hierfür eine Entschädigung leisteten, legte der Rat dem Synagogenbau keine Steine mehr in den Weg. Der 13,8 x 7,6 Meter große Bau wurde errichtet. Über den Architekten oder die ausführenden Handwerker ist bisher nichts bekannt.

In der Haltung des Rats mag man einerseits Anzeichen dafür ausmachen, dass das Ideengut der Aufklärung offenbar auch in kleine Städte wie Lichtenfels Toleranz hineinwehte. Andererseits zeigt der Bauplatz noch das Verhaftetsein in der Tradition. 1710 hatte der Lichtenfelser Stadtrat befunden, dass „die Juden nicht an die offene Strassen, wo andere ehrliche Burgere wohnen könten, sondern in die Winckhel gehöreten“. Am Ende des 18. Jahrhunderts lebten die Lichtenfelser Juden nach wie vor in verkehrsarmen Nebenstraßen, und für die Synagoge schien eine Hauptstraße als Standort wohl noch unvorstellbar.

1820 lebten in Lichtenfels 128 Juden. Recht früh beobachten wir, seitdem dies rechtlich möglich

Abb. 1: Die Lichtenfelser Synagoge um 1930

Abb. 2: Die Lichtenfelser Synagoge während der Sanierung. Zu erkennen sind die Grundmauern der Bima (links). Unterhalb der – nach 1938 zugemauerten – Fenster auf der Südseite wurden wohl 1867 Nischen in die Wand gearbeitet, um zusätzliche Sitzplätze unterzubringen. Die Decke wurde nach 1938 mit grünlicher Ölfarbe gestrichen.

war, ihre Einbindung in die Bürgerschaft. So besuchten 1827 der katholische Pfarrer und christliche Lichtenfelser eine Veranstaltung in der Synagoge – einige Jahre zuvor wäre dies kaum denkbar gewesen. Der Pfarrer erschien in seiner Funktion als staatlicher Lokalschulinspektor, denn es fand eine öffentliche Prüfung der jüdischen Schulkinder statt. Schon im Vorjahr hatte er ihren Lehrer Jakob Mendersohn (1787–1829) für eine schriftlich vorgelegte Predigt gelobt, die „nicht nur allein nichts Anstößiges, sondern vielmehr in religioser Beziehung viel Nützliches" enthalte. Nach der Prüfung fand der Geistliche anerkennende Worte: „ein sehr brauchbarer Schulmann, der in seinem Fache mit gröstem Eifer alles Mögliche leistet und damit ein solides gutes sittliches Betragen verbindet".

Die jüdischen Kinder hatten bei Mendersohn und seinen Nachfolgern lediglich Religions- und hebräischen Sprachunterricht, ansonsten besuchten sie dieselbe „Elementarschule" wie ihre

Abb. 3: Eingangstür auf der Westseite der Lichtenfelser Synagoge, wohl 1867 entstanden

christlichen Altersgenossen. Der pensionierte Beamte Thomas Rüblein bemerkte 1831, sie säßen nicht auf besonderen Bänken, und die Lehrer würden „Verachtung, Neckereien, Vorurtheile" nicht dulden.

Die Juden verließen die „Winkel": Der Kaufmann Pfeufer Zenner (1779–1860) machte den Anfang, indem er 1827 das ehemalige Forstamt, einen dreigeschossigen Bau aus Sichtsandstein, dem Rathaus gegenüber, ersteigerte und bezog. Juden erwarben das Bürgerrecht, wurden also Mitglieder der Bürgergemeinde mit allen Rechten und Pflichten.

1867 wurde die Lichtenfelser Synagoge renoviert. Einen neuen Thoraschrein schuf der örtliche Bildhauer Carl Seelmann (1826–1883). Alle Bänke, zuvor teilweise ringsum an den Wänden angebracht, wurden nach Osten ausgerichtet. Um mehr Plätze zu gewinnen, wurden Nischen ins Mauerwerk gemeißelt. Die Sockelzone der Wand erhielt eine neue Bemalung. Die erhaltene Tür an der Westseite stammt aus dem Jahr 1867. Offenbar wurden ferner Gasleitungen für die Beleuchtung installiert. Als die Thorarollen wieder in die Synagoge gebracht wurden, trug sie der Burgkunstadter Rabbiner, ihm zur Seite Mitglieder der Gemeinde und christliche Handwerksleuten. Dem Gottesdienst wohnten Beamte der ortsansässigen Behörden, der katholische Pfarrer von Lichtenfels und der für Lichtenfels zuständige evangelische Pfarrer von Schney bei.

Um diese Zeit war die jüdische Gemeinde – namentlich wegen der Auswanderung in die USA und der Landflucht – erheblich geschrumpft. 1875 hatte sie nur noch 80 Mitglieder. Doch in der Folge wuchs sie wieder, etwa durch die Zuwanderung der Korbhändlerfamilien Gosser, Pauson und Zinn aus Redwitz, Bamberger aus Mitwitz, Kohn aus Baiersdorf und Marchand aus Wiesbaden. 1900 wohnten in Lichtenfels 111 Juden. Um diese Zeit, nämlich im Jahr 1897, wurde anstelle der alten Flachdecke eine gewölbte Holzdecke in der Synagoge eingezogen, was den Raum wesentlich großzügiger erscheinen ließ.

Das wiederholt gepriesene gute Miteinander von Christen und Juden in Lichtenfels endete abrupt

Abb. 4: Die Lichtenfelser Synagoge um 2010, vor Beginn der Sanierungsarbeiten. Die angelehnten Leitern verweisen auf die Nutzung durch eine benachbarte Metallwarenhandlung.

im Frühjahr 1933. Systematische Gewalt gegen Menschen und Eigentum wurde in der Pogromnacht vom 9. auf den 10. November 1938 geübt. Walter S. G. Kohn (1923–1998), der mit seiner Mutter im Nebenhaus wohnte, erinnerte sich 1988: „In den frühen Morgenstunden des 10. November wurden wir durch lautes Geschrei aufgeweckt. Ein paar Betrunkene? Bald wußten wir, daß es sich um etwas Ernsteres handelte. Der Zaun, der das Gemeindehaus und den Vorgarten der Synagoge einschloß, war schnell niedergerissen. Eine Horde SA-Männer drang nun in die Synagoge ein. Da sie sofort alle Lichter anzündeten, konnten wir von unseren dunklen Zimmern hinter den Vorhängen alles genau beobachten. Die Fenster der Synagoge wurden eingeschlagen und die Vorhänge heruntergerissen. Die Gebetspulte wurden mit Äxten bearbeitet und Gebetbücher und Gebetsmäntel herumgeworfen und zerstört. Im Zentrum der Synagoge war im Thoraschrein eine große Anzahl Thorarollen aufbewahrt. Diese enthalten die fünf Bücher Moses, sind handgeschrieben auf Pergament und werden als das unmittelbare Wort Gottes von den Juden als heilig gehalten. Sie wurden nun herausgeworfen und in Stücke gerissen. Was man irgendwie vernichten konnte, wurde zerstört."

Wenige Wochen darauf verkaufte die jüdische Gemeinde ihre Synagoge unter Zwang an die Stadt Lichtenfels. Diese wollte 1939 die Synagoge abreißen. Der Krieg verhinderte den Abbruch wohl. Doch wurde in der Folge die demolierte Einrichtung entfernt, so dass von Bänken oder Bildhauerarbeiten im späten 20. Jahrhundert nichts erhalten war.

Abb. 5: Die Thoranische war bis 2010 vermauert. Nach der Öffnung fand sich die blaue Verkleidung.

Abb. 6: Die Lichtenfelser Synagoge nach der Sanierung (Aufnahme 2014)

Nach 1945, als für kurze Zeit in Lichtenfels eine israelitische Kultusgemeinde erstand, war eine Wiederherstellung geplant. Der Stadtrat stellte 1947 Geld dafür bereit, doch es kam nicht dazu. 1951 an einen örtlichen Kaufmann verkauft, diente die Synagoge über zwei Jahrzehnte der Neuapostolischen Gemeinde als Gottesdienstraum. Nach 1975 wurde sie von einem benachbarten Geschäft als Lager genutzt. Die Genisa der Lichtenfelser Synagoge wurde 1988 geborgen; nach einigen Jahren gelangte das Schriftgut ins Jüdische Museum Franken in Fürth. Weitere Stücke entdeckte man im Jahr 2010. Geordnet und erschlossen wurde der Bestand 2011 durch das Jüdische Kulturmuseum Veitshöchheim.

2005, lange nach den ersten Bestrebungen, erwarb die Stadt das Eigentum an der Synagoge. Durch umfassende Bauforschung, durchgeführt 2006 bis 2008 durch Hans-Christof Haas, wurde die Sanierung gründlich vorbereitet. Das bauliche Konzept sah vor, die Westfassade zur Judengasse hin weitgehend unverändert zu erhalten. Für die

Abb. 7: Innenraum der Lichtenfelser Synagoge kurz nach der Eröffnung im Herbst 2011, Blick nach Süden

bessere Nutzbarkeit wurde ein Anbau auf der Südseite errichtet, der Foyer, Teeküche, Toiletten und einen kleinen Technik- und Lagerraum aufnahm. In diesem Eingangsbereich zieht ein Kunstwerk des Lichtenfelsers Ulf Eggert, ein Marmorrelief, die Blicke auf sich.

Den eigentlichen Synagogenraum betritt der Besucher durch die beiden zu Durchgängen erweiterte Fensteröffnungen auf der Südseite. Im Inneren wurde die eindrucksvolle Holzdecke durch Bierlasur und die Rekonstruktion der befundeten Schmuckfriese in ihren ursprünglichen Zustand zurückversetzt. Dagegen wurden Wandfassungen nicht rekonstruiert, sondern eine neutrale Farbe gewählt, wodurch die Decke umso stärker wirkt. Der Boden wurde im Bereich der Männerabteilung mit Sandsteinplatten belegt, die Frauenempore im Norden, einst als eine Art Podest ausgebildet, dagegen mit Dielen. Die im Boden verborgenen Reste der Bima, die Spuren des Thoraschreins und der Abtrennung zwischen Männer und Frauenbereich sind nicht sichtbar, ihr Ort ist jedoch dank zurückhaltender Markierungen nachvollziehbar. Die unterschiedlichen Bodenniveaus im Inneren wurden vereinheitlicht, um den Saal vielseitig nutzbar zu machen und den Belangen der Barrierefreiheit zu genügen. Seit dem 27. Oktober 2011 dient die Synagoge in Lichtenfels als kulturelle Begegnungsstätte.

Weiterführende Literatur

Dippold, Günter: Eine Stätte des menschlichen Miteinanders. Betrachtungen zur Lichtenfelser Synagoge. In: Schönere Heimat 101 (2012), S. 39–46.

Hager, Angela / Haas, Hans-Christof: Lichtenfels. In: Kraus, Wolfgang / Hamm, Berndt / Schwarz, Meier (Hrsg.): Mehr als Steine ... Synagogen-Gedenkband Bayern. Bd. 1. Lindenberg i. Allgäu 2007, S. 193–200.

Meyer, Heinrich: Die Lichtenfelser Juden. Ein Beitrag zur Stadtgeschichte. In: Geschichte am Obermain 5 (1968/69), S. 135–166.

Wittenbauer, Christine (Hrsg.): Die Lichtenfelser Synagoge. Festgabe zur Eröffnung der ehemaligen Synagoge als Kunst-, Kultur- und Veranstaltungsstätte. Lichtenfels 2011 (Lichtenfelser Hefte zur Heimatgeschichte 12).

Der Wiederaufbau Münchbergs nach dem Stadtbrand von 1837

Von Robert Schäfer

Am 12. August 1837 legte ein verheerender Großbrand weite Teile der Münchberger Oberstadt in Schutt und Asche. 52 Haupt- und rund 60 Nebengebäude – darunter das Rathaus, das Landgericht, das Rentamt und die Stadtpfarrkirche – sowie zwölf Scheunen fielen dem Feuer zum Opfer.

Münchberg teilte damit das Schicksal vieler anderer Städte im östlichen Oberfranken, die im Verlauf des 19. Jahrhunderts von vergleichbaren Brandkatastrophen heimgesucht wurden. Die feueranfällige Bauart der meisten Häuser, die selten massiv aus Stein errichtet, zudem häufig mit Stroh oder Holzschindeln gedeckt waren, unzureichende Löschmittel sowie ein mitunter erschreckend sorgloser Umgang mit offenem Feuer ließen unter anderem Rehau, Weißenstadt, Hof an der Saale, Kirchenlamitz, Wunsiedel, Selb und Naila in Rauch aufgehen.

Die Stadtbilder Hochfrankens sind folglich bis heute stark von den Wiederaufbauten nach den Bränden des 19. Jahrhunderts geprägt – so auch die Münchberger Oberstadt. Der Brand von 1837 war dabei keineswegs das erste Unglück dieser Art, das die Stadt in Mitleidenschaft zog. Bereits 1534, 1617, 1631, 1701 und 1729 hatten großflächige Feuersbrünste schwere Schäden angerichtet.

Die Leitung des Wiederaufbaues nach dem Brand von 1837 lag in den Händen zweier einheimischer Maurermeister, Peter Flessa und Erhard Krauß. Sie unterstanden jedoch unmittelbar einem Gremium, welches der bayerische König Ludwig I. (reg. 1825–1848) 1829 ins Leben gerufen hatte: dem Baukunstausschuss, in dem mit Leo von Klenze (1784–1864) und Friedrich von Gärtner (1791–1847) zwei der prominentesten Architekten ihrer Zeit federführend tätig waren.

Dem Baukunstausschuss mussten die Entwürfe sämtlicher öffentlicher Bauten in Bayern vorgelegt werden, deren Ausführung mit über 500 Gulden veranschlagt war. Erst nachdem Klenze, Gärtner und ihre Mitarbeiter die Entwürfe begutachtet und gegebenenfalls korrigiert hatten, durften die Planer vor Ort mit den Bauarbeiten beginnen. Anfangs erhob der Ausschuss unter dem Vorsitz Klenzes einen antikisierenden Spätklassizismus zum architektonischen Ideal, später dann setzte sich immer stärker der von Gärtner propagierte, florentinisch angehauchte Rundbogenstil durch, der uns in Münchberg an zahlreichen Gebäuden noch heute begegnet. Denn auch hier, fernab der Residenzstadt München, nahm der Baukunstausschuss nachhaltig Einfluss auf die Wiederaufbauplanungen. Und so findet sich in der Münchberger Oberstadt eine Reihe von Bauwerken, die wie Miniaturausgaben der Münchner Prachtbauten aus der Zeit Ludwigs I. wirken.

Abb. 1: Münchberg um 1800. Die stark vereinfachte und idealisierte Ansicht zeigt die Stadt im Zustand zwischen den großen Bränden der Jahre 1729 und 1837. Im Mittelpunkt steht die evangelische Stadtpfarrkirche, hier noch mit dem barocken Turmhelm des 18. Jahrhunderts. Insgesamt zählte Münchberg an der Wende vom 18. zum 19. Jahrhundert rund 1800 Einwohner und 246 Häuser, von denen lediglich 53 massiv gebaut waren, 103 halbmassiv und 90 aus Fachwerk. Lediglich 40 Hausdächer waren mit Schiefer oder Ziegeln gedeckt, hingegen 206 mit Schindeln oder Stroh.

Herzstück der wiederaufgebauten Münchberger Oberstadt ist die Hauptstraße, die im Geist der Zeit den Namen des damaligen bayerischen Königs verliehen bekam. Hier, an der Ludwigstraße, finden sich die beiden aufwendigsten Neubauten in der Oberstadt, das Rathaus und das ehemalige Landgericht. Das Rathaus wurde 1840 seiner Bestimmung übergeben. Es war bereits der dritte Bau an dieser Stelle. Seine beiden Vorgänger wurden bei den Bränden der Jahre 1631 und 1739 zerstört. Der Neubau wurde von Flessa und Krauß in Anlehnung an den Rundbogenstil Gärtners als zweigeschossiges Traufseithaus mit verschiefertem Dachreiter sowie aufwendig gestalteten Rundbogenfenstern und Gurtbögen als gliedernde Elemente der Fassade gestaltet. Die Grundfläche des Gebäudes wurde im Vergleich zu seinen Vorgängern erheblich vergrößert, indem man den Standort eines südlich angrenzenden, beim Brand ebenfalls zerstörten Hauses miteinbezog.

Dem Rathaus gegenüber erhebt sich der breitgelagerte Bau des einstigen Landgerichts und späteren Bezirks- bzw. Landratsamtes, das durch Erhard Krauß 1839 errichtet wurde. Auch hier zeigt sich wieder deutlich der starke Einfluss des Baukunstausschusses und vor allem Gärtners auf die Planungen. Abermals wurden sämtliche Fenster sowie das Portal in Rundbogenformen gestaltet, abermals wurde die Fassade durch ein profiliertes Gurtband unterhalb der Fenster im Obergeschoss zusätzlich gegliedert. Das hohe Sockelgeschoss sowie die doppelläufige Freitreppe am Hauptportal verleihen dem Gebäude ein ausgesprochen repräsentatives Gepräge und heben es zugleich von den angrenzenden Wohnhäusern

Abb. 2: Das Münchberger Rathaus, 1840 vollendet, prägt mit seinem verschieferten Dachreiter das Erscheinungsbild der Ludwigstraße.

Abb. 3: Das Rückgrat der Wiederaufbauplanungen nach dem Brand von 1837 bildete die Ludwigstraße. Hier entstanden gleich mehrere öffentliche Bauten, darunter das Landgericht, später Bezirks- bzw. Landratsamt, das 1839 nach Plänen von Erhard Krauß erbaut wurde.

Abb. 4: Als eines der wenigen Gebäude in der Münchberger Oberstadt weist die ehemalige Stadtapotheke klassizistische Einflüsse auf. Fast alle anderen Bauten sind dem Rundbogenstil Friedrich von Gärtners verpflichtet.

ab. Deutlich jüngeren Datums sind hingegen die Arkaden an der Amtsgasse, die erst 1962 bei einem Umbau des damaligen Landratsamtes entstanden.

Ein drittes markantes Gebäude an der Ludwigstraße befindet sich etwas nördlich von Rathaus und Landgericht: die ehemalige Stadtapotheke. Diese wurde 1840 in klassizistischen Formen ausgeführt, ein Ausnahmefall in Münchberg, wo sonst der Einfluss Klenzes eher gering blieb. Die auf den Grundrissen zweier abgebrannter Häuser erbaute Apotheke weist folglich im Un-

Abb. 5: 1831 wurde am Klosterplatz der Gasthof zum Bayerischen Hof gebaut. 1837 völlig zerstört, wurde er rasch wiedererrichtet. Mit dem Bau der Ludwig-Süd-Nord-Bahn und der Errichtung einer neuen Poststation am Bahnhof 1893 verlor der Gasthof seine frühere Bedeutung. Er wurde zu einem reinen Gasthaus umgebaut und in der Folge mehrfach umgenutzt – als Metzgerei, Bierwirtschaft, Verkaufsstelle für Eis und als Erotik-Club.

terschied zum Rathaus und Landgericht keinerlei Rundbogenformen auf. Ein flach vorspringender Mittelrisalit mit einem Thermenfenster im Giebel sowie ein durchlaufendes Gurtband zwischen Erd- und Obergeschoss gliedern die Fassade des Gebäudes, das mit seinem ungewöhnlich repräsentativen Treppenaufgang einen beinahe herrschaftlichen Charakter besitzt.

An ihrem nördlichen Ende erweitert sich die Ludwigstraße zum Klosterplatz. Dessen Erscheinungsbild prägen der Gasthof zum Bayerischen Hof, dessen Ursprünge bis ins Jahr 1831 zurückreichen, als die Poststation in die obere Stadt verlegt wurde, sowie die Fabrikantenvilla der Familie Fleißner, die später als Stadtkämmerei genutzt wurde.

Schwere Schäden richtete der Brand von 1837 indes auch im Bereich des Kirchplatzes an. 1840/1841 erbaute hier Erhard Krauß das Schulhaus I,

Abb. 6: Dem Gasthof zum Bayerischen Hof gegenüber ließ sich die Fabrikantenfamilie Fleißner eine repräsentative Villa errichten, welche später als Stadtbauamt und Kämmerei genutzt wurde. Auch sie weist die typischen Formen des Gärtner'schen Rundbogenstils auf.

Abb. 7: 1841 wurde am Kirchplatz das Schulhaus I nach Plänen von Erhard Krauß fertiggestellt. Der dreigliedrige Bau geht auf einen nie realisierten Entwurf für das Kanzleigebäude des Hauptsalzamtes in Bad Reichenhall zurück und wies ursprünglich einen erhöhten, neunachsigen Mittelrisalit auf, der von zwei niedrigeren dreiachsigen Seitenflügeln flankiert wurde, welche 1879 jedoch aufgestockt wurden. Der fertige Bau umfasste sechs Klassenzimmer sowie die Wohnungen für Mesner, Kantor und Lehrer.

dessen Vorgänger durch das Feuer völlig zerstört worden war. Krauß konnte bei seinen Planungen auf ein nicht realisiertes Projekt aus dem entgegengesetzten Ende Bayerns zurückgreifen. Die Entwürfe der heutigen Martin-Luther-Schule gingen nämlich unmittelbar auf die Pläne für das Kanzleigebäude des Hauptsalzamtes zu Bad Reichenhall zurück, die dort freilich nie zur Ausführung gelangten, von Krauß für seine Zwecke jedoch nur leicht modifiziert werden mussten. Die Schule rundete den Reigen öffentlicher Bauten nach dem Brand von 1837 ab.

Sehr viel jüngeren Datums ist hingegen die gegenüberliegende evangelische Stadtpfarrkirche, die erst in den Jahren 1867 bis 1872 durch Karl Kaufmann als neugotische Hallenkirche errichtet wurde, zeitlich und stilistisch also nicht mehr der Wiederaufbauplanung der späten 1830er Jahre zuzurechnen ist. Diese Planung aus der Feder zweier heute fast vergessener Baumeister stellt neben dem Wiederaufbau Wunsiedels wohl das anschaulichste Beispiel für eine städtebauliche Neugestaltung unter Ludwig I. in Oberfranken dar und darf daher als bemerkenswertes Stadtdenkmal aus der ersten Hälfte des 19. Jahrhunderts gelten.

Weiterführende Literatur

Dietel, Karl: Münchberg. Geschichte einer Amts- und Industriestadt. Band I: Bis zum Übergang an Bayern 1810. Münchberg 1963.

Habermann, Sylvia: Bautätigkeit im Profanbereich. In: Roth, Elisabeth (Hrsg.): Oberfranken im 19. und 20. Jahrhundert. Bamberg 1990, S. 283–324.

Michel, Martina: Das Münchberger Rathaus. In: Münchberg. 650 Jahre. 1364–2014. Münchberg 2014, S. 34–36.

Popp, Bertram: Bauweisen in Nordostoberfranken vor und nach den großen Bränden des 19. Jahrhunderts. In: Kreilinger, Kilian / Waldemer, Georg (Hrsg.): HAUS HOF Landschaft. Festschrift zum 80. Geburtstag von Karl Bedal. Hof 1994 (Quellen und Materialien zur Hausforschung in Bayern 7; Schriften des Oberfränkischen Bauernhofmuseums Kleinlosnitz 1), S. 107–121.

Zwischen Schloss und Neuer Heimat

Die bauliche Entwicklung Ketschendorfs im 19. und 20. Jahrhundert

Von Robert Schäfer

Ketschendorf, seit dem 1. Juli 1934 ein Teil der Stadt Coburg, ist als Ort mit eigenständigem Charakter heute nur noch mit einiger Mühe zu erkennen. Kein Wegweiser oder Ortsschild verweist auf die einstmals selbständige Gemeinde, und eine bauliche Grenze zum nördlich anschließenden Coburg ist seit vielen Jahrzehnten bereits nicht mehr zu erkennen: Übergangslos gelangt man heute auf der Ketschendorfer Straße von Ketschendorf nach Coburg und umgekehrt.

Über die Grenzen Coburgs hinaus ist Ketschendorf durch sein Schloss bekannt, ein markantes neugotisches Bauwerk am südlichen Ortsrand. Es wurde in den Jahren 1868 bis 1869 durch Baurat Georg Rothbart (1817–1896) für die Opernsängerin Victoire Noël (1815–1903) an der Stelle eines älteren Sommerschlösschens errichtet. Die unter dem Künstlernamen Rosine Stoltz bekannte Diva, die eine enge Freundschaft mit dem Coburger Herzog Ernst II. (reg. 1844–1893) pflegte und von ihm sogar in den Adelsstand erhoben wurde, bewohnte das eigens für sie erbaute Schloss, einen vierseitigen, symmetrischen Ziegelbau mit Sandsteingliederungen und vier markanten Ecktürmen, jedoch nur zwei Jahre; bereits 1871 verkaufte sie das Gebäude, das in der Folge mehrfach den Besitzer wechselte.

Abb. 1: Wappen der zur Baronin von Ketschendorf erhobenen Victoire Noël am Schloss Ketschendorf

1891 schließlich erwarb Jacob Freiherr von Mayer (1832–1901) das Schloss für seinen Sohn Siegwart (1861–1929). Fortan durfte sich die Familie offiziell als „Herren von Ketschendorf“ bezeichnen. Siegwart von Mayer und seine Frau Irma machten sich um die damals noch selbstständige Gemeinde Ketschendorf äußerst verdient, doch wurde die Familie aufgrund ihrer jüdischen Herkunft im Dritten Reich zwangsenteignet.

Das Schloss fiel an die Stadt Coburg, die es 1955 – nun ganz legal – von der Familie Mayer erwarb und im Jahr darauf eine Jugendherberge

Abb. 2: Das erste Ketschendorfer Schloss im Jahre 1857. Der klassizistische Bau wurde 1804/05 als Sommerschlösschen für Herzogin Auguste Caroline Sophie (1757–1831), die Gemahlin von Herzog Franz Friedrich Anton, errichtet. Er musste 1869 aber einem größeren Neubau weichen. Das Abbruchmaterial fand wenig später Verwendung beim Bau einer Villa in der Oberen Klinge in Coburg, wo sich die Kaufmannswitwe Sophie Luise Eck eine Kopie des herzoglichen Sommerschlösschens errichten ließ.

in dem Gebäude einrichtete. Das Schloss war mittlerweile stark renovierungsbedürftig, der Altan an der Hauptfassade musste 1960 wegen Baufälligkeit sogar abgebrochen werden. Umfangreiche Renovierungsmaßnahmen zu Beginn der 1980er Jahre sicherten den verbleibenden Bestand, wenngleich der Betrieb der Jugendherberge einen modernen Anbau im Süden des Schlosses erforderlich machte. Eine notwendige Sanierung und der Umbau des Schlosses scheiterten 2011 an der nicht gesicherten Finanzierung. Stattdessen erwarb 2013 die Firma Kaeser Kompressoren SE das Gebäude, das in der Folge zu einem Schulungszentrum umgebaut wurde.

Abb. 3: Das zweite, noch heute bestehende Ketschendorfer Schloss. 1868/69 wurde der neugotische Ziegelbau für die Opernsängerin Victoire Noël alias Rosine Stoltz errichtet, die das Schloss jedoch nur zwei Jahre lang bewohnte.

Abb. 4: 1869 stiftete Rosine Stoltz einen Gemeindebrunnen an der Dorfschmiede – die nach dem Sohn der Operndiva benannte Karls-Quelle. 1988 wurde die Fassung der inzwischen versiegten Quelle in den neu gestalteten Schlosspark versetzt.

Wie so viele neugotische Schlossanlagen des 19. Jahrhunderts wurde Schloss Ketschendorf in einen weitläufigen Landschaftspark eingebettet, der bereits 1836 durch Herzogin Marie von Württemberg (1799–1860), die zweite Frau von Herzog Ernst I. von Sachsen-Coburg und Gotha, angelegt und unter Rosine Stoltz sowie der Familie Mayer mehrfach erweitert wurde. Im Laufe mehrerer Jahrzehnte entstand so ein Landschaftsgarten im Sinne der englischen „line of beauty“ mit gewundenen Wegen, mehreren Teichen sowie einer Reihe von Kleinarchitekturen. Von diesen hat sich noch eine zweiläufige neugotische Freitreppe erhalten, welche 1893 von Johannes Köhler mit Podest und Maßwerkbrüstung sowie einer muschelförmigen Sitzlaube im Unterbau errichtet wurde. Nach umfangreichen Wiederherstellungsmaßnahmen konnte 1980 zumindest der nördliche Teil des lange vernachlässigten Parks der Öffentlichkeit zugänglich gemacht werden.

Erhalten haben sich auch das einstige Stall- und Remisengebäude des Schlosses, das nach Plänen Georg Rothbarts 1869 entstand, und das Gewächshaus des Schlossparks, welches 1877 errichtet wurde und heute als Vereinslokal des Coburger Seemannschores dient. Die 1988 in den Park versetzte Fassung der 1869 von Rosine Stoltz gestifteten und nach ihrem Sohn benannten Karls-Quelle war ursprünglich als Gemeindebrunnen unweit der Schmiede angelegt worden.

Völlig verschwunden ist hingegen leider eine zweite Parkanlage unweit des Schlosses, die so genannte Deysing-Schlucht, die ab 1870 auf Initiative des Juristen Heinrich Emil Deysing gestaltet, 1945 jedoch durch amerikanische Truppen zur Müllhalde umfunktioniert und in der Folge zerstört wurde.

Ketschendorf lässt sich allerdings nicht auf sein Schloss reduzieren. Die Verheerungen des Dreißigjährigen Krieges, als das Dorf durch kroatische Truppen gebrandschatzt wurde und für viele Jahre wüst lag, haben zwar alle baulichen

Abb. 5: Einer der ältesten Bauten Ketschendorfs ist der ehemalige Propsteihof, der zugleich als historisches Zentrum des Ortes anzusprechen ist. 1727 erstmals urkundlich erwähnt, dürfte der stattliche Bau in der heutigen Form um 1800 errichtet und 1813 erweitert sowie aufgestockt worden sein.

Spuren früherer Epochen beseitigt, doch findet sich in Ketschendorf eine Reihe von Bauwerken aus dem 19. und 20. Jahrhundert, die dem Ort ein eigenes Gepräge verleihen.

Das historische Zentrum Ketschendorfs markiert der zweigeschossige Walmdachbau des ehemaligen Propsteihofes, der um 1800 am Ketschenbach errichtet wurde und trotz seiner eigentlich grundherrlichen Funktion eher als großes Bauernhaus anzusprechen ist. Er erhebt sich abseits der heutigen Hauptstraße auf halbem Weg zwischen Schloss und Neuer-Heimat-Schule, einem exponiert gelegenen, ortsbildprägenden Neorenaissancebau mit Ziergiebel, Dachreiter und Laube, der wie das Schloss in Ziegelbauweise mit Sandsteingliederungen ausgeführt wurde. Nach Plänen des Baumeisters Renner aus Stöppach und unter Leitung von Gottlieb Rehlein wurde die Schule in den Jahren 1901/02 erbaut. Sie bildet heute gleichsam den Eingang zur Neuen Heimat.

Hier, am so genannten Ketschendorfer Hang, kam es ab 1936 zum Bau einer Wohnsiedlung, der letztlich den Wandel des Ortes vom überschaubaren Dorf zu einem von Neubaugebieten geprägten Stadtteil einleiten sollte. 1950 und nochmals ab 1963 erfuhr die Siedlung eine erhebliche Erweiterung, ein weiteres ausgedehntes

Abb. 6: Die Neue-Heimat-Schule erhebt sich am nördlichen Ortsrand in exponierter Lage und stellt neben dem Schloss das wohl auffälligste Bauwerk in Ketschendorf dar. Nach Plänen des Baumeisters Renner aus Stöppach und unter Leitung von Gottlieb Rehlein wurde der stattliche Neorenaissancebau in den Jahren 1901 und 1902 errichtet.

Neubaugebiet wuchs ab 1973 auf dem Pelzhügel im Süden des Dorfes.

Ketschendorf ist indes keine reine „Schlafstadt". Bereits seit dem späten 19. Jahrhundert siedelte

Abb. 7: Die Wohnsiedlung am Ketschendorfer Hang im August 1936. Der als Arbeitsbeschaffungsmaßnahme seit Anfang 1936 betriebene Bau der Neuen Heimat – so die offizielle Straßenbezeichnung – brachte für Ketschendorf ein stetiges Wachstum mit sich. Die charakteristischen Siedlungshäuser prägen bis heute den Umgriff der Neue-Heimat-Schule.

sich auch eine Reihe von Industriebetrieben an, so etwa 1872 eine Wollspinnerei, 1904 eine Matratzenfabrik und 1905 die Etuis- und Holzwarenfabrik von Lieberknecht & Schurg. Deren Fabrikationsgebäude am Postweg stellt heute den letzten noch sichtbaren Rest der Industrialisierung Ketschendorfs dar.

Ein weiteres Denkmal jener Epoche findet sich am Westrand des Dorfes: die Schafstegbrücke, eine der großen Itzbrücken in Coburg an der Wende vom 19. zum 20. Jahrhundert. Sie wurde in den Jahren 1901/02 durch die Firma Louis Eilers aus Hannover an der Stelle eines eingestürzten Vorgängerbaues ausgeführt. Anfang 1909 wurde sie bei einem verheerenden Hochwasser schwer beschädigt. Die anschließende Reparatur nahm abermals die Firma Eilers vor. Seither hat die letztmals 1999/2000 sanierte Brücke ihr Aussehen

Abb. 8: Die Schafstegbrücke wurde 1901 in Stahlkonstruktion anstelle eines eingestürzten Vorgängerbaus errichtet und zeugt bis heute vom Industriezeitalter, das auch in Ketschendorf seine Spuren hinterließ

nicht mehr verändert. Sie stellt ein wenig bekanntes, jedoch überaus erhaltenswertes Kleinod und zugleich ein markantes Wahrzeichen Ketschendorfs dar.

Weiterführende Literatur

Bätz, Roland u. a.: 100 Jahre Volksschule Ketschendorf. Coburg 2002.

Eckerlein, Ernst: Ernst Eckerlein erzählt aus der Coburger Heimat. Bd. 6. Coburg 1986.

Friedrich, Otto: Ketschendorf. Die Geschichte zweier Schlösser und ihrer Bewohner. Coburg 1973.

Mahnke, Fritz: Schlösser und Burgen im Umkreis der Fränkischen Krone. Coburg 1974.

Morsbach, Peter / Titz, Otto: Denkmäler in Bayern. Bd. IV/48: Stadt Coburg. Ensembles, Baudenkmäler, Archäologische Denkmäler. München 2006.

Die Pfarrkirche von Kirchlein

Von Günter Dippold

1322 erscheint der Ort „Kirchengelein" erstmals in einer Urkunde, 1336 „Kirchegleinde". Die Bedeutung des Grundworts ist umstritten – vorherrschend ist die slawische Deutung (glina = Lehm) –, doch entscheidend für unser Thema ist das Bestimmungswort. Dieses „glein" hieß nach der Kirche, um es von Tiefen- und Mainklein zu unterscheiden.

Eine Kirche in Kirchlein muss demnach schon im frühen 14. Jahrhundert gestanden haben. Sie war, so ist 1477 bezeugt, der hl. Maria Magdalena geweiht, deren Verehrung im 13. Jahrhundert besonders verbreitet war.

Die Kirche stand nicht am selben Platz wie die heutige, sondern einige Meter weiter südlich – inmitten des heutigen Friedhofs. Der Kirchhof war von einer Steinmauer eingefriedet. Der Kirchenbau bestand aus einem Chorturm, dessen Mauerwerk über einen Meter stark war, und einem Langhaus und war insgesamt 16 bis 17 Meter lang, das Langhaus gut acht Meter breit. Er hatte wenige, schmale und unregelmäßig verteilte Fenster.

Am 10. Dezember 1477 trennte der Bamberger Bischof Philipp Graf von Henneberg (reg. 1475–1487) Kirchlein zusammen mit den unmittelbar benachbarten Orten Reuth und Hainzendorf von der Pfarrei Altenkunstadt und erhob die Filial- zur Pfarrkirche. Eine Bindung zur Mutterpfarrei sollte erhalten bleiben: Die Einwohner der neuen Pfarrei Kirchlein waren gehalten, jährlich zum Pfarrsend (Pfarrsynode) in Altenkunstadt erscheinen, und jährlich im April hatten sie eine Prozession dorthin durchzuführen. Der Abt von Langheim als Patronatsherr der Mutterpfarrei sicherte sich das Patronatsrecht über die Tochter Kirchlein.

Spätestens ab 1603 wirkten hier Langheimer Mönche als Pfarrer. Nachdem P. Laurentius Reus am 20. Mai 1632 bei Burkersdorf von schwedischen Soldaten erschlagen worden war, wurde die Pfarrei Kirchlein vom Altenkunstadter Pfarrer mitversehen. Dabei blieb es über den Dreißigjährigen Krieg hinaus. Die abgetrennte Pfarrei verschmolz geradezu wieder mit ihrer Mutter. Erst 1754 kam nach Jahrzehnte langem Bemühen der Kirchleiner wieder ein eigener Pfarrer. Aufgrund eines Tauschs von Patronatsrechten besetzte fortan der Bamberger Fürstbischof die Pfarrstelle selbst.

In der Pfarrei Kirchlein lebten zahlreiche Protestanten. Denn das Kloster Langheim hatte zwar Besitz in Kirchlein, aber ebenso ritterschaftliche Familien. Die Dorf- und Gemeindeherrschaft übten das Kloster Langheim und die Herren von Schaumberg in jährlichem Wechsel aus. Auch

Abb. 1: Die alte Pfarrkirche Kirchlein mit ihrem 1858 teilweise abgetragenen Kirchturm, aufgenommen am 26. März 1904, unmittelbar vor dem Abbruch

Reuth war zwischen Langheim und Adelsgeschlechtern geteilt, wobei dort der ritterschaftliche Anteil überwog. Hainzendorf dagegen war von Langheim dominiert. Eine Statistik aus dem Jahr 1743 zeigt, dass sich die Herrschaftsverhältnisse in den konfessionellen Strukturen spiegelten. Von den 197 Einwohnern der Pfarrei waren 133 katholisch, 64 evangelisch. Zuständig war für sie alle der katholische Pfarrer.

Erst 1831 wurden die Protestanten in Kirchlein der Pfarrei Gärtenroth zugewiesen, die evangelischen Einwohner von Reuth der Pfarrei Burkersdorf. (Hainzendorf war damals rein katholisch.) Umgekehrt wurden 1843 der Pfarrei Kirchlein die Katholiken aus den umliegenden evangelischen Pfarreien zugeschlagen.

Mängel an der Kirche und am Pfarrhaus bildeten im 19. Jahrhundert ein beständiges Problem. Da das Kirchenvermögen denkbar gering war, war eine gründliche Reparatur nicht ohne weiteres möglich, geschweige denn ein Neubau.

Auch die Einkünfte des Pfarrers waren bescheiden: Mit durchschnittlich 388 Gulden im Jahr wurden sie 1813 beziffert. Es kam hinzu, dass der Pfarrer sein Einkommen nur zum geringsten Teil als Bargeld erhielt. Vielmehr hatte er rund 50 Tagwerk Äcker und Wiesen zu bewirtschaften, die er zum Teil selbst bebaute und zum anderen Teil an Einwohner aus seiner Pfarrei verpachtete. Angesichts der vielen Dienstgründe sei, so meinte 1831 die Bauinspektion Kulmbach, „die gegenwaertige Wohnung und Stallung viel zu klein". Man müsse also „ein ganz neues zur bedeutenden Oekonomie passendes Gebaeude auf[...]führen". Dies schien ohnedies geboten, denn das Pfarrhaus war ruinös.

Man wollte die Pfarrei so lange unbesetzt lassen, bis durch den Ertrag der Pfarrpfründe genug Geld für den Neubau beisammen sei. Doch 1833 hielt das Ordinariat einen Pfarrer bereits wieder für erforderlich, um den Ort moralisch zu heben. Dennoch blieb ab 1838 erneut die Pfarrstelle unbesetzt, um den Pfarrhausbau finanzieren zu können.

Schon 1831 waren Pläne entstanden, die der bayerische König fünf Jahre später genehmigt hatte. Doch aus Geldmangel waren sie nicht verwirklicht worden. Erst 1849 entstanden neue Pläne mit einem reduzierten Bauprogramm, vor allem weniger landwirtschaftlichen Nebengebäuden. 1850 begann endlich, nach zwei Jahrzehnten, der Bau. Die Bauleitung hatte der Kulmbacher Maurermeister Oswald Hartmann. Wohl 1852 waren die Arbeiten abgeschlossen.

Seit 1846 hatte der Burgkunstadter Kaplan Joseph Schrauder sich seelsorgerlich um Kirchlein gekümmert. Nun, als es wieder ein Pfarrhaus gab, ernannte ihn das Ordinariat 1851 zum Pfarrverweser, Anfang 1852 zum Pfarrer von Kirchlein. Nach 14jähriger Unterbrechung hatte das Dorf wieder seinen eigenen Geistlichen. Der letzte Pfarrer von Kirchlein war Karl Eckert (1880–1970) aus Pappenheim, der von 1931 bis kurz vor seinem Tod hier wirkte.

Kaum war der Bau des Pfarrhauses vollendet, da stand der Pfarrgemeinde die nächste Sorge ins Haus. Die alte Pfarrkirche – im 15. Jahrhundert als St. Maria Magdalena, um 1800 als St. Nikolaus erwähnt – war in schlechtem Zustand. 1855 waren das aus Fachwerk errichtete Obergeschoss des Turms und der Turmhelm so marode, dass die Bauinspektion Bayreuth der Gemeinde Kirchlein den Abbruch dieser Bauteile auftrug. Arm, wie die Kommune war, wartete sie damit. Erst 1858 wurde die Maßnahme durchgeführt. Der Turmstumpf bekam ein notdürftiges Satteldach.

1868 beschloss die Kirchenverwaltung, offenbar gegen den Willen des Pfarrers, die Kirche absperren und nichts reparieren zu lassen. Daraufhin ließ der Pfarrer auf eigene Kosten Abstützungen im Kirchenraum vornehmen, um das Gotteshaus weiter nutzen zu können. Eine bayernweite Kirchenkollekte fand Ende 1871 statt und erbrachte insgesamt 5280 Gulden für einen Neubau. Doch die Voranschläge beliefen sich auf 11 000 Gulden.

So beschränkte man sich auf eine gründliche Reparatur. Langhaus und Turm bekamen 1885 ein neues Dach, neue Fenster wurden eingesetzt, Bodenplatten gelegt, die Altäre frisch gefasst und vergoldet. Auch eine neue Orgel wurde angeschafft.

1900 zeigten sich neuerliche Schäden. Im Vorjahr hatte Kirchlein einen neuen Pfarrer bekommen, den erst 28jährigen Ferdinand Stolz aus Freising. Der Kirchenraum sei „eines Gotteshauses völlig unwürdig", befand er und ging den Neubau energisch an. Er ließ einen Plan von dem Nürnberger Bauunternehmer Hans Saueressig

Abb. 2: Die Pfarrkirche Mariä Himmelfahrt in Kirchlein kurz nach ihrer Fertigstellung. Rechts im Bild das 1850–1852 errichtete Pfarrhaus

fertigen, der immerhin schon zwei Notkirchen für die boomende Großstadt entworfen hatte. Doch sein Konzept für Kirchlein stieß beim zuständigen Landbauamt Bamberg auf vernichtende Kritik.

1903 unternahm die Kirchenverwaltung einen weiteren Anlauf. Nun stand hinter dem Bauplan ein Architekt, der nicht durchfallen konnte: Ludwig Stempel (1850–1917). Der gebürtige Pfälzer, 1897/98 in Bayreuth tätig, war in der Obersten Baubehörde der Referent für Bauten aus dem Zuständigkeitsbereich des Kultusministeriums. 1915 stieg er dann zum Chef der Obersten Baubehörde auf.

Das Kirchengebäude für Kirchlein sollte aus Sandsteinquadern errichtet werden. Es weist im Bau neugotische Elemente auf, verzichtet jedoch auf entsprechenden Zierrat. Insgesamt ist der Kirchenbau in seiner formalen Schlichtheit eher dem Heimatstil zuzuordnen.

Abb. 3: Blick in die Pfarrkirche Kirchlein mit ihren neugotischen Altären und dem Kreuzweg. Nur zwei einzelne Figuren stammen aus der Vorgängerkirche

Die Detailpläne fertigte der gefragte Bamberger Architekt Chrysostomus Martin (1851–1930), ein gebürtiger Schwabe. Martin war der Schöpfer großbürgerlicher Wohn- und mächtiger Mietshäuser in Bamberg, plante Kirchen ebenso wie Fabriken, entwarf die Bamberger Luitpoldsäle, baute Villen für einen Lichtenfelser Spediteur und einen Kulmbacher Wurstfabrikanten, kurz: er hatte in der Region einen Namen.

Die Erd-, Maurer-, Steinhauer- und Stukkaturarbeiten erledigte der Kulmbacher Baumeister Josef Dölger, die Zimmerarbeiten Andreas Mühlhans aus Burgkunstadt. Zum Zug kamen der Dachdecker Langold aus Kronach, der Glaser Böhm aus Kulmbach, der Maler Müller aus Bamberg und – für die Betstühle – der Schreiner Schuberth aus Schmeilsdorf. Nur ein Gewerk wurde von einem ortsansässigen Handwerker ausgeführt: die übrigen Schreinerarbeiten (Hoh).

Im Dezember 1903 gab der Regierungspräsident die Arbeiten frei. Sie begannen, wohl im Frühjahr 1904, mit dem Abbruch des alten Kirchturms, dessen Steine für das Fundament des Neubaus verwendet wurden. Schon im Juni 1904 war der Sockel des neuen Turms gemauert. Der Rohbau war im Oktober 1904 „nahezu vollendet. Der Dachstuhl auf Schiff und Chor ist aufgestellt und ist der Dachdecker mit dem Eindecken beschäftigt. Der Dachstuhl auf dem Turm selbst fehlt noch." Aus dem Juli 1905 wird berichtet: „Die Kirche nebst Turm ist nahezu fertig gestellt; z. Zeit ist mit den Malerarbeiten an den Decken begonnen. Die Empore ist bereits aufgestellt. Der Fußboden und die Podeste für die Betstühle sind hergestellt."

1904 hatte sich die Kirchenverwaltung um einen neuen Hochaltar und die Kanzel gekümmert. Sie hatten als ausführenden Künstler Peter Morgenroth (1867–1943) gewonnen. Der gebürtige Unterleiterbacher hatte das Bildhauerhandwerk in Kaiserslautern gelernt, an der Akademie der Bildenden Künste in München studiert und an der Baugewerkschule sowie an der Lehrerbildungsanstalt in Bamberg unterrichtet. Nachdem er in die Staffelsteiner Bildhauer- und Malerfamilie Stengel eingeheiratet hatte, betrieb er in Staffelstein eine Bildhauerwerkstatt.

Der Hochaltar für Kirchlein sollte 3000 Mark kosten, die Kanzel 500. Da blieb kein Geld übrig für weitere Ausstattung: „Seitenaltäre, Beichtstuhl, Taufbecken und Chorstuhl" sollten „vorläufig von der alten in die neue Kirche herübergenommen werden. Ebenso die noch gute Orgel und die Glocken [...]. Das die Himmelfahrt Mariä zur Darstellung bringende mittlere Chorfenster, welches dem Altar als Mittelbild dienen soll, wird vom früheren Herrn Pfarrer Stolz der Kirche zum Geschenke gemacht." (Stolz war 1904 nach Michelfeld in der Oberpfalz versetzt worden.)

Morgenroths neugotische Entwürfe riefen bei den staatlichen Stellen keine Begeisterung hervor. Die Kirchleiner hielten aber an ihm fest. Sie verzichteten lediglich – so die Mindestforderung der Regierung – darauf, den Altar farbig fassen zu lassen. Die Behörde hatte geboten, „sämmtliche Holzteile an beiden Objekten in gebeiztem Holztone zu halten". Erst nachträglich gelang es offenbar, auch Nebenaltäre sowie einen Kreuzweg im gleichen Stil anzuschaffen. 1924 erhielt sie neue Glocken, die allerdings im Zweiten Weltkrieg eingeschmolzen wurden.

Am 17. September 1905 weihte der Bamberger Erzbischof Dr. Friedrich Philipp von Abert (1852–1912) die Kirche, die ein anderes Patrozinium erhielt als ihre Vorgängerin: Mariä Himmelfahrt.

Eine Renovierung der Kirche erfolgte 1953, insbesondere dank der Spenden des Burgkunstadter Unternehmerehepaares Friedrich und Kathi Baur, die auch ein neues Geläut finanzierten.

Quellen und weiterführende Literatur

George, Dieter: Lichtenfels. Der Altlandkreis. München 2008 (Historisches Ortsnamenbuch von Bayern, Oberfranken, 6).

Goldfuß, Karl-Heinz: Ortschronik von Kirchlein. [Außentitel: 500 Jahre Pfarrgemeinde Kirchlein.] O. O. 1977.

Die Pfarreien des Erzbisthums Bamberg. Statistische Notizen. Bamberg 1888.

Staatsarchiv Bamberg, K 3 G, Nr. 15142/I und II.

Staatsarchiv Bamberg, K 14, Nr. 2621, 2623, 2625.

Historismus und Jugendstil in Coburg

Von Robert Schäfer

Innerhalb Oberfrankens nimmt Coburg in der Architekturgeschichte des 19. und frühen 20. Jahrhunderts eine Sonderstellung ein. Da die Residenzstadt mit ihrem Umland erst 1920 an Bayern fiel, lag sie bis dahin außerhalb des Wirkungsbereiches der Obersten Baubehörde in München, deren allgegenwärtiger Einfluss sich bei Bauvorhaben im gesamten Königreich niederschlug. In Coburg konnte sich somit, anders als etwa in Bamberg oder Bayreuth, eine von München unabhängige, äußerst rege Bautätigkeit entfalten, deren Spuren bis heute im Stadtbild zu erkennen sind.

Die Zeit des Historismus erlebte in Coburg schon sehr früh eine erste Blüte. Den Anstoß hierzu gab Herzog Ernst I. (reg. 1806–1844), der sich im Jahre 1810 über den schlechten baulichen Zustand von Schloss Ehrenburg, der Stadtresidenz der Coburger Herzöge, beklagte. Ernst beauftragte daher den jungen Karl Friedrich Schinkel (1781–1841) aus Berlin mit der Neugestaltung des Schlosses. Schinkel, der später zu einem der bedeutendsten Architekten des 19. Jahrhunderts aufsteigen sollte, überformte die Fassade des Gebäudes im Stil der englischen Spätgotik mit einem Netz schmaler Lisenen und versah das Corps de Logis mit einem zusätzlichen Stockwerk in Form eines Dachpavillons. Den Ostflügel des Schlosses gestaltete der Baumeister völlig neu; hier schuf er mit dem so genannten Silberbau eines der frühesten Beispiele neugotischer Schlossarchitektur im deutschsprachigen Raum. Mit der Ausgestaltung der Schlossräume im Empire-Stil betraute man 1816 André-Marie Renié-Grétry, einen Schüler

Abb. 1: Karl Friedrich Schinkels ursprünglicher Entwurf für die neugotische Umgestaltung von Schloss Ehrenburg. Der Baumeister beabsichtigte, sowohl das Corps de Logis als auch die Eckpavillons der beiden Seitenflügel mit einem zusätzlichen Stockwerk in Form eines Dachpavillons zu versehen. Letztlich gelangte aber lediglich der mittlere Pavillon über dem Corps de Logis zur Ausführung.

Abb. 2: Die Planungen zur Gestaltung des Schlossplatzes reichen zurück bis ins Jahr 1820, doch erst ab 1840 nahm der Platz rund um das Rondell mit dem Denkmal für Herzog Ernst I. allmählich Gestalt an. Die Aufnahme des britischen Fotografen Francis Bedford aus dem Jahr 1857 zeigt das 1837 bis 1840 errichtete herzogliche Hoftheater (heute Landestheater), das damals noch zweigeschossige Wangenheim'sche Palais (später Palais Edinburgh), den Westflügel der Ehrenburg sowie rechts im Hintergrund die Baustelle der 1860 geweihten katholischen Stadtpfarrkirche St. Augustin.

von Napoleons Hofarchitekten Charles Percier (1764–1838). Die Fertigstellung der Bauarbeiten zog sich allerdings über mehrere Jahrzehnte, bis 1841, hin.

Zu dieser Zeit hatte auch der Umgriff des Schlosses sein Aussehen bereits verändert. Zwischenzeitlich waren die umfangreichen Wirtschaftsbauten im Norden des Schlosses abgebro-

Abb. 3: 1865/66 errichtete der Brüsseler Architekt Adolf Schuster am Ernstplatz drei neugotische Wohnhäuser, bei deren Planung er bewusst Teile der einstigen inneren Stadtmauer miteinbezog. So integrierte er in den Bau des Hauses Ernstplatz 3 (links im Bild) den früheren Hirtenturm. Das Anwesen diente von 1908 bis 1914 dem amerikanischen Generalkonsul und dessen Stab als Wohnhaus, im benachbarten Haus Ernstplatz 2 (rechts im Bild) befand sich das eigentliche Konsulat.

chen und so Raum geschaffen worden für einen der schönsten Stadträume des 19. Jahrhunderts in Süddeutschland. Nach und nach wurden rund um den neu entstandenen Schlossplatz das herzogliche Hoftheater (heute Landestheater), das Wangenheim'sche Palais (später Palais Edinburgh), die Arkaden mit der Hauptwache sowie die herzogliche Reithalle errichtet, ferner der Marstall neu gestaltet. In Sichtweite entstand zudem 1855–1860 die katholische Stadtpfarrkirche St. Augustin.

Die Gestaltung des Schlossplatzes bildete jedoch nur eines von mehreren städtebaulichen Projekten, welche im frühen 19. Jahrhundert durch die Coburger Herzöge initiiert wurden. Bereits ab 1798 waren auf Wunsch des Herzogshauses die innere Stadtmauer abgebrochen und die Stadtgräben verfüllt worden. Bis 1834 wurde im südlichen und westlichen Bereich des mittelalterlichen Befestigungsringes die Untere Anlage geschaffen, ein ausgedehnter Grüngürtel, der, so der Wunsch des Herzogs Franz Friedrich Anton von Sachsen-Coburg-Saalfeld (reg. 1800–1806), die Bürger zum friedlichen „Lustwandeln" einladen sollte. Da von diesem Angebot vor allem die Angehörigen der gebildeten Stände Gebrauch machten, wurde der entlang der einstigen Stadtmauer angelegte Spazierweg im Volksmund auch als „Philosophengang" bezeichnet.

Entlang der Unteren Anlage entstand seit den 1860er Jahren eine Reihe von Wohnhäusern, die ganz bewusst mittelalterliche Bauformen aufgriffen, zum Teil sogar Reste der Stadtmauer einbezogen. Unter diesen Wohnbauten ragen vor allem die Häuser Ernstplatz 1–3 heraus, die allesamt 1865/66 durch den Brüsseler Architekten Adolf Schuster geplant wurden. Beim Bau des Anwesens Ernstplatz 3 integrierte Schuster den noch vorhandenen mittelalterlichen Hirtenturm in das viergeschossige Mietshaus. Der von Schuster umgestaltete, zinnenbewehrte Turm bildet einen markanten Blickfang und hält zugleich die Erinnerung an die frühere Stadtbefestigung wach.

Auch an anderen Stellen der prosperierenden Stadt wuchsen in der zweiten Hälfte des 19. Jahrhunderts ausgedehnte neue Wohnviertel, unter anderem entlang der Alexandrinenstraße. Hier findet sich mit dem so genannten „Sonnenhaus" ein prägnantes Beispiel für den Jugendstil, der sich in den 1890er Jahren als Gegenbewegung zum Historismus entwickelte und kurz nach 1900 auch in Coburg seine Spuren hinterließ. Der produktivste Vertreter des neuen Stils in Coburg war der aus dem sächsischen Plauen stammende Otto Leheis (1866–1921), der innerhalb von 15 Jahren nicht weniger als 31 Häuser in der Herzogsstadt entwarf und baute.

Die Vorgehensweise von Leheis (und vieler anderer Baumeister jener Zeit) war dabei stets

Abb. 4: Zu den produktivsten Baumeistern des späten 19. und frühen 20. Jahrhunderts in Coburg zählte Otto Leheis. Unter den 31 Wohnhäusern, die er zwischen 1892 und 1907 hier errichtete, gilt das so genannte „Sonnenhaus" (Alexandrinenstraße 4) als seine außergewöhnlichste und gelungenste Schöpfung. Kein anderer Jugendstilbau in Coburg weist eine derart aufwendige Fassadendekoration wie die 1902/03 erbaute Villa auf.

Abb. 5: Der Portikusbau des Ernst-Alexandrinen-Volksbades kündet als letzter Rest von einem der modernsten Bäder seiner Zeit in Deutschland.

Abb. 6: Das Ernst-Alexandrinen-Volksbad konnte sich durchaus mit Einrichtungen wie dem Müller'schen Volksbad in München messen. Sein Herzstück war die Schwimmhalle mit dem zehn Meter breiten und 20 Meter langen Schwimmbassin. Der 1907 von Stadtbaurat Max Böhme errichtete Jugendstilbau wurde 1977/78 weitgehend abgebrochen.

die gleiche: Der Architekt erwarb ein freies Grundstück, bebaute es mit einem selbst geplanten und auf eigene Kosten errichteten Haus und verkaufte dieses anschließend gewinnbringend an zahlungskräftige Kunden weiter. So weit die Theorie. Leheis freilich wurde in Coburg nicht glücklich. Er geriet in wirtschaftliche Schwierigkeiten, mehrere seiner Häuser wurden zwangsversteigert. Mittellos musste er 1907 schließlich die Stadt verlassen.

Geblieben sind seine zahlreichen Wohnhäuser, unter denen das bereits erwähnte „Sonnenhaus" (Alexandrinenstraße 4) herausragt. Das 1902/03 errichtete Gebäude weist die für den Jugendstil typischen vegetabilen Elemente als Fassadenschmuck auf, die an so vielen Bauten jener Epoche anzutreffen, in dieser ausgeprägten Form in Coburg jedoch einzigartig sind. Nicht zu Unrecht wird das Haus daher stilistisch und gestalterisch als das fortschrittlichste seiner Zeit in der Stadt betrachtet.

Neben Leheis war es vor allem Max Böhme, der in Coburg dem Jugendstil in mehreren bemerkenswerten Bauten Ausdruck verlieh. Der 1870 in Zeitz geborene Böhme war in Darmstadt, einer der Hochburgen des Jugendstils, mit einer Reihe bedeutender Künstler und Architekten in Kontakt gekommen und förderte daher als Leiter des Stadtbauamtes (später als Stadtbaurat) seit 1903 die Errichtung von Jugendstilbauten in Coburg nach besten Kräften, trat aber auch selbst als Baumeister in Erscheinung. Vor allem das 1907 eröffnete Ernst-Alexandrinen-Volksbad erregte weit über die Grenzen der Stadt hinaus

Abb. 7: Die frühere Verkaufshalle der Firma Trutz am Sonntagsanger. 1871 erwarb der aus Sachsen stammende Nikolaus Trutz eine kleine Wagenfabrik im Steinweg. Der gelernte Stellmacher spezialisierte sich auf die Fertigung exklusiver Luxuswagen und verlegte hierfür seine Produktion 1890 an den Sonntagsanger, wo auf einem 5000 Quadratmeter großen Grundstück das florierende Unternehmen ungehindert wachsen konnte. Der repräsentative Verkaufspavillon wurde 1901 durch das Baugeschäft Brockardt für Trutz errichtet.

Aufmerksamkeit. Ein Legat der 1904 verstorbenen Herzogin Alexandrine ermöglichte die Errichtung des Bades, das mit einem Schwimmbassin, Wannen- und Brausebädern, Warm- und Heißlufträumen, einem Dampfbad sowie mit Massage- und Ruheräumen ausgestattet war und

Abb. 8: Als eines der letzten Projekte des Historismus in Coburg entstand 1915/16 der Fürstenbau am Bahnhof. Der von Conrad Steinbrinck geplante neubarocke Pavillon sollte der herzoglichen Familie als exklusiver Warteraum dienen.

somit zu den modernsten Einrichtungen seiner Art in Deutschland zählte. Beachtlich war auch die künstlerische Ausgestaltung des Gebäudes, das unglücklicherweise 1977/78 dem Bau der neuen Alexandrinenbrücke weichen musste. Erhalten hat sich lediglich der Portikusbau, dessen aufwendiger Jugendstildekor noch einen Eindruck von der früheren Pracht des Bades gibt.

Die Blütezeit des Jugendstils währte indes nur wenige Jahre, und auch der Historismus neigte sich zu Beginn des 20. Jahrhunderts allmählich seinem Ende zu. Dennoch entstanden nach 1900 noch einige beachtenswerte Bauten in Coburg, welche im Stil des Späthistorismus gestaltet wurden. So zeugt etwa die frühere Verkaufshalle der Karosseriefabrik Trutz am Sonntagsanger von dem Selbstbewusstsein, mit dem viele Unternehmer in jener Epoche als Bauherren in Erscheinung traten. Im Zeitalter der Industrialisierung wurden Gewerbebauten nicht selten mit einem künstlerischen Aufwand gestaltet, der der Ausstattung öffentlicher Bauten oder repräsentativer Wohnhäuser in nichts nachstand. Dabei fanden vielfach auch Baumaterialien wie Stahl oder Beton Verwendung, die bis dahin entweder unbekannt gewesen oder aber nicht als künstlerisches Ausdrucksmittel verstanden worden waren. Die 1901 erbaute Verkaufshalle der Firma Trutz ist hierfür ein anschauliches Beispiel. Der zweigeschossige Pavillon wurde in Ziegelbauweise errichtet. Ziegel aber waren vor dem 19. Jahrhundert in der Region allenfalls als Füllmaterial bei anschließend verputzten Fachwerkwänden verbaut worden, als Sichtmauerwerk gewannen sie erst im Historismus an Bedeutung. Geplant und ausgeführt wurde die Verkaufshalle der Firma Trutz, die sich mit der Herstellung exklusiver Luxuswagen einen Namen machte, durch das Baugeschäft Brockardt. Die Familie Brockardt gilt unter den Coburger Baumeisterdynastien des 19. Jahrhunderts als die älteste. 1868 von Bernhard Brockardt gegründet, war das Unternehmen an einer Vielzahl von Bauprojekten in der Residenzstadt beteiligt.

Ebenfalls ein Relikt des beginnenden Industriezeitalters in Coburg ist das langgestreckte Empfangsgebäude des Bahnhofes in der Lossaustraße. Dieses entstand in seiner heutigen Form ab 1911 an der Stelle eines älteren Vorgängerbaus von 1858, der angesichts stetig steigender Fahrgastzahlen schon seit längerem nicht mehr den Anforderungen des wachsenden Verkehrsaufkommens genügte. Daher entschloss sich die für Coburg zuständige Preußische Staatseisenbahnverwaltung zu einem Neubau, der allerdings erst 1923 vollendet wurde. Errichtet wurde der Bahnhof nach Plänen von Conrad Steinbrinck, der auch für einen kleinen, aber in monumentaler Formensprache ausgeführten neubarocken Pavillon verantwortlich zeichnete, welcher sich unmittelbar südlich an den Bahnhof anschließt: den 1915/16 errichteten Fürstenbau, der den Angehörigen des Herzogshauses als exklusiver Warteraum dienen sollte.

Es kam freilich anders. Nach dem Ende des Ersten Weltkrieges und der Abschaffung der Monarchie in Deutschland gelangte Coburg 1920 nach einer Volksabstimmung an Bayern. In Zeiten der Weimarer Republik fanden nun zunehmend moderne Strömungen Eingang in die Architektur der Stadt. Die Bauten des Historismus und des Jugendstils gerieten nach und nach in Vergessenheit oder wurden vielfach als belanglos abgetan. Schmerzliche Verluste im Stadtbild nach 1945 waren die Folge, der Abriss des Ernst-Alexandrinen-Volksbades ist nur eine von mehreren Bausünden, denen Denkmäler des 19. und frühen 20. Jahrhunderts zum Opfer fielen. Und dennoch: Die erhaltenen Bauten jener Epoche prägen das Stadtbild bis heute und erlauben einen überaus facettenreichen Einblick in hundert Jahre Architekturgeschichte.

Weiterführende Literatur

Ahrensfeld, Sandra: Stadtentwicklung 1800–1920. In: Morsbach, Peter / Titz, Otto: Denkmäler in Bayern. Band IV/48: Stadt Coburg. Ensembles, Baudenkmäler, Archäologische Denkmäler. München 2006, S. XCIX–CIV.

Borneff, Karl F.: Coburger Jugendstil. In: Frankenland 21 (1969), S. 33–36.

Faber, Annette: Der neugotische Umbau von Schloss Ehrenburg nach den Plänen Karl Friedrich Schinkels 1810–1840. In: Jahrbuch der Coburger Landesstiftung 30 (1985), S. 281–394.

Habermann, Sylvia: Bautätigkeit im Profanbereich. In: Roth, Elisabeth (Hrsg.): Oberfranken im 19. und 20. Jahrhundert. Bamberg 1990, S. 283–324.

Reuther, Renate: Villen in Coburg. Coburg 2011.

Wolter, Helmut: „In welchem Style sollen wir bauen?“ Coburger Baumeister und Architekten 1820–1920. Regensburg 2011 (Raum – Zeit – Coburg 1).

Architektur in Coburg zwischen 1918 und 1973

Von Robert Schäfer

Die Architektur des 20. Jahrhunderts mit ihren vielen verschiedenen Facetten hat auch im Zentrum Coburgs deutliche Spuren hinterlassen. Zwischen dem Ende des Ersten Weltkrieges und dem Beginn der 1970er Jahre entstand im Herzen der Stadt eine Reihe von Bauten, die nicht unumstritten waren, dabei zum Teil aber eine erstaunliche künstlerische Qualität erreichten.

Die Architektur der so genannten Klassischen Moderne hielt in Coburg etwas verzögert Einzug. Zehn Jahre, nachdem in Weimar Walter Gropius (1883–1969) das Bauhaus gegründet hatte, wurde 1929 der Grundstein für die Coburger Hauptpost gelegt, deren betont funktionaler Bau für heftige Diskussionen sorgte. Robert Simm und Karl Meier, die Architekten des Gebäudes, entwarfen die Hauptpost als mehrteiligen Komplex mit leicht konkaver Fassade, einem markanten Treppenhausturm und einem Stahlskelett als konstruktivem Gerüst.

Abb. 1: 1931 wurde an der Hindenburgstraße der Neubau der Coburger Hauptpost eröffnet. Der funktionale Bau stieß in weiten Teilen der Bevölkerung auf Unverständnis. Die NSDAP bekämpfte die Planung im Stadtrat massiv, in den Zeitungen wurde das Gebäude als „Bunker“ geschmäht, und manch Coburger mutmaßte angesichts der leicht geschwungenen Fassade gar, künftig würden in der Stadt nur noch „krumme Häuser“ gebaut. Heute gilt das Gebäude als eines der Hauptwerke der so genannten „Münchner Postbauschule“.

Abb. 2: 1933 wurde mit dem Abbruch des „Gräfsblocks" im Schatten des Spitaltors begonnen. An seine Stelle trat 1936/37 ein Wohn- und Geschäftshaus im Heimatschutzstil aus der Feder von Reinhard Claaßen.

In der Bevölkerung stieß diese kompromisslos moderne Planung auf heftige Widerstände. Dennoch bestanden Simm und Meier auf ihrer Umsetzung. Im August 1931 konnte der Bau fertiggestellt werden. Er gilt heute als eines der bedeutendsten Beispiele der „Münchner Postbauschule", die gegen Ende der zwanziger und zu Beginn der dreißiger Jahre eine Reihe aufsehenerregender Postbauten in ganz Bayern hervorbrachte.

Mit der Machtergreifung Hitlers 1933 brachen auch für die Baukunst neue Zeiten an. Den Nationalsozialisten war die Architektur des Bauhauses, des Expressionismus und der Neuen Sachlichkeit verhasst. Der verhinderte Architekt Hitler erhob für repräsentative öffentliche Bauten einen bisweilen ins Gigantische gesteigerten Neoklassizismus zum Leitbild; bei Wohn-, Kirchen- und Geschäftsbauten bevorzugten die neuen Machthaber hingegen den so genannten Heimatschutzstil, welcher sich bereits zu Beginn des 20. Jahrhunderts im Zuge der immer populärer werdenden Heimatschutzbewegung entwickelt hatte.

Als markantes Beispiel für einen Bau der NS-Zeit wurde 1936/37 durch Reinhard Claaßen (1886–1960) im Steinweg ein Wohn- und Geschäftshaus errichtet, das eine Reihe unansehnlicher Hinterhäuser ersetzte. Der so genannte

Abb. 3: Obwohl Coburg im Zweiten Weltkrieg weitgehend unversehrt geblieben war, entwickelte sich doch in den ersten Nachkriegsjahren auch hier eine rege Bautätigkeit. Eines der anschaulichsten Beispiele der Nachkriegsmoderne im Zentrum der Stadt ist das Justizgebäude, das 1953/54 durch Regierungsbaurat Sauer als schlichter, zweiteiliger Baukomplex entworfen wurde.

„Gräfsblock" war ab 1933 abgebrochen worden, um einen direkten Zugang von der Mohrenstraße in die Altstadt zu ermöglichen. Die teilweise Neubebauung des so entstandenen Platzes mit dem heutigen Stadtcafé gilt als erste Altstadtsanierung in Bayern.

Auch nach dem Ende des Zweiten Weltkrieges lebte der Heimatschutzstil fort; Baumeister wie Claaßen änderten nur wenig an ihrer Formensprache. Andere Architekten hingegen knüpften an die 1933 abrupt unterbrochene Tradition der Klassischen Moderne an. Als der am besten erhaltene Bau des ersten Nachkriegsjahrzehnts in Coburg gilt das Justizgebäude, das 1953/54 durch Regierungsbaurat Sauer errichtet wurde.

Der produktivste und künstlerisch ambitionierteste Architekt jener Jahre in Coburg war zweifellos Otto Behrens. Er schuf in seiner Funktion als

Abb. 4: Zu den vordringlichen Bauaufgaben im Coburg der Nachkriegsjahre zählte die Schaffung von Wohnraum. Über 10 000 Vertriebene fanden hier eine neue Heimat; zeitweise hatte Coburg die größte Wohnraumdichte in Bayern. Bis zu neun Menschen mussten sich ein Zimmer teilen. Daher waren es vor allem schmucklose Wohnblocks, die, eilig errichtet, das Stadtbild in den 1950er Jahren veränderten. Mitunter entstanden aber auch architektonisch anspruchsvolle Mehrfamilienhäuser, wie hier in der Ahorner Straße 2. Otto Behrens schuf 1957 die Pläne für diesen typischen Bau der Nachkriegsmoderne.

Leiter des Stadtbauamtes eine ganze Reihe von Bauten, welche die Nachkriegsmoderne auch in Coburg salonfähig machten. In der Ketschengasse errichtete er 1959 einen markanten, eingeschossigen Ladenbau, dessen elegant geschwungenes Flachdach eine überdachte Passage ausbildet, die Fußgängern auch bei schlechtem Wetter einen Schaufensterbummel ermöglicht. Zwei Jahre zuvor, 1957, hatte Behrens in der Ahorner Straße ein Mehrfamilienhaus geplant, dessen reliefartige, durch schräg ausgestellte Fenster gegliederte Fassade für einige Diskussionen über den vermeintlich nachteiligen Einfluss „modischer“ Architektur auf das historische Stadtbild Coburgs sorgte.

Seinen umstrittensten Bau schuf Behrens allerdings 1962 am Nordrand des Rosengartens: das Kongresshaus. Der vom damaligen Oberbürgermeister Walter Langer forcierte Bau führte schon im Vorfeld seiner Errichtung zu kontroversen Debatten im Stadtrat und in der Öffentlichkeit. In der Tat brach Behrens den bis dahin geschlossenen Charakter der Grünanlage auf, zudem sorgte die monumentale „Elefantentreppe“ an der Gartenseite des Kongresshauses für Missfallen bei den Zeitgenossen. Bald wurden daher Forderungen laut, das Kongresshaus umzubauen oder gar abzureißen. Letztlich entschied man sich für einen weitgehenden Umbau, der 1987/88 durch Hans-Busso von Busse (1930–2009) erfolgte und den ursprünglichen Charakter des Gebäudes stark veränderte.

Gravierende Eingriffe ins historische Coburger Stadtbild erfolgten vor allem in den späten sechziger und siebziger Jahren. Der 1973 eröffnete, ebenso maß- wie gesichtslose Bau des Kaufhofs beispielsweise erforderte den Abriss der Hofbräu-Gaststätten und des Verlagshauses des „Coburger Tageblatts“ und zerstörte mit einer schier unglaublichen Brutalität das bis dahin weitgehend unversehrte historistische Ensemble der Mohrenstraße. Die Idee zum Bau eines großen Kaufhauses ging nicht zuletzt auf Hanns-Harro Stitz zurück, den Nachfolger Behrens' im Amt des Stadtbaudirektors.

Doch auch in der Ära des oft kritisierten Stitz entstanden in Coburg einige überaus bemerkens-

Abb. 5: Otto Behrens war der kreativste Coburger Architekt der ersten Nachkriegsjahre. Bisweilen stießen seine Bauten auf heftige Widerstände in der Öffentlichkeit, vor allem das 1962 eingeweihte Kongresshaus am Rosengarten. Das stark umstrittene Gebäude wurde Ende der 1980er Jahre grundlegend umgebaut. Ansichtskarte um 1965

werte, zeitlose Bauten. Stitz gab sich als Visionär, der der Stadt ein modernes, großstädtisches Gepräge verleihen wollte. Von seinen weitreichenden, heute bisweilen überdimensioniert erscheinenden und nur in geringen Teilen realisierten Planungen zeugen unter anderem drei zehnstöckige Hochhäuser an der Hindenburgstraße, die 1966 fertiggestellt wurden und nicht zuletzt wegen ihrer Lage gegenüber der Hauptpost einen durchaus reizvollen Kontrast zur Architektursprache der Klassischen Moderne darstellen.

Während den Hochhäusern in der Hindenburgstraße keine historischen Bauten zum Opfer fielen, mussten einem anderen Großprojekt gleich mehrere denkmalgeschützte Häuser weichen. Das Verwaltungsgebäude der HUK-Versicherung gegenüber dem Bahnhof erforderte unter anderem den Abriss des Hotels Excelsior. Auf der dadurch geschaffenen Freifläche entstand zwischen 1967 und 1970 ein weitläufiger Gebäudekomplex, welcher durch das Architekturbüro Meyer aus Nürnberg sowie den Coburger Architekten Hubertus Schneider entworfen und 1977 sowie 1989 zweimal erweitert wurde.

Anders als der wenige Jahre später entstandene Bau des Kaufhofs vermag jedoch das HUK-Gebäude durchaus zu gefallen. Obwohl ein repräsentativer, selbstbewusster Bau, strahlt es doch eine zurückgenommene Schlichtheit aus, die es von anderen Projekten dieser Zeit wohltuend abhebt und dem HUK-Gebäude fast schon eine gewisse Noblesse verleiht. Der Verwaltungsbau der HUK-Versicherung ist heute, nach über 40 Jahren, bereits ein Stück Coburger Architekturgeschichte. Manche Bauten der Coburger Moderne stehen zwischenzeitlich sogar bereits unter Denkmalschutz. Wenngleich oft ungeliebt, stellen sie doch bisweilen bemerkenswerte Zeugnisse

Abb. 6: Hanns-Harro Stitz, Behrens' Nachfolger im Amt des Stadtbaudirektors, entwarf mehrere visionäre Projekte, die Coburg ein großstädtisches Flair verleihen sollten. Die Planungen, die umgesetzt wurden, gingen nicht selten mit Abbrüchen denkmalgeschützter Bauten und empfindlichen Eingriffen in die historische Substanz der Stadt einher. Dennoch schufen Stitz und seine Mitarbeiter auch einige äußerst qualitätvolle Bauten. Entlang der Hindenburgstraße entstanden 1966 drei zehnstöckige Hochhäuser, die einen reizvollen Kontrast zur Hauptpost gegenüber darstellen.

für ein bewegtes halbes Jahrhundert Bautätigkeit in einem historischen Umfeld dar.

Abb. 7: Dem Bau des HUK-Verwaltungsgebäudes mussten Baudenkmäler weichen, so das Hotel Excelsior. Der 1967–1970 errichtete Gebäudekomplex bildet mit der zurückgenommenen Architektur eine durchaus gelungene Neubebauung des Geländes.

Weiterführende Literatur

Aicher, Florian / Drepper, Uwe (Hrsg.): Robert Vorhoelzer – Ein Architektenleben. Die klassische Moderne der Post. München 1990.

Boseckert, Christian: „... damit Coburg schöner wird"? Die NS-Baupolitik in der Vestestadt (1933–1945). Coburg 2014 (Schriftenreihe der Historischen Gesellschaft Coburg e. V. 26).

Habermann, Sylvia: Bautätigkeit im Profanbereich. In: Roth, Elisabeth (Hrsg.): Oberfranken im 19. und 20. Jahrhundert. Bamberg 1990, S. 283–324.

Melville, Gert (Hrsg.): 45–75: Coburgs Weg in die Gegenwart. Coburg 2006 (Schriftenreihe der Historischen Gesellschaft Coburg e. V. 20).

Nöth, Stefan: Die Stadtentwicklung Coburgs seit 1920. In: Morsbach, Peter / Titz, Otto: Denkmäler in Bayern. Band IV/48: Stadt Coburg. Ensembles, Baudenkmäler, Archäologische Denkmäler. München 2006, S. CV–CXIII.

Der Volkspark in Bamberg

Von Robert Schäfer

Der Bau von Sportstätten und Großstadien erlebte in der Weimarer Republik einen bis dahin nicht für möglich gehaltenen Aufschwung. Allein bis 1925 wurden deutschlandweit 850 kommunale und 400 vereinseigene Stadien mit einem Fassungsvermögen von bis zu 50 000 Zuschauern errichtet. Dabei wurde der Bau von Sportstätten bewusst als Teil der Volks- und Gesundheitsfürsorge verstanden. Sie sollten gleichermaßen dem Leistungs- wie dem Breitensport dienen, zugleich aber den immer zahlreicher werdenden Zuschauern bei Sportveranstaltungen einen angemessenen Rahmen bieten.

Besondere Popularität genossen in den 1920er Jahren die so genannten Volksparks, in denen unterschiedliche Sportstätten innerhalb einer öffentlichen Parkanlage gebündelt wurden. Zunächst entstanden in westdeutschen Großstädten wie Duisburg, Düsseldorf und Köln derartige Sport- und Freizeitstätten. Ab Mitte der zwanziger Jahre setzte sich das neuartige Sportstättenkonzept dann flächendeckend in ganz Deutschland durch. Auch in Bamberg wurde ein solcher Volkspark geschaffen, der den Vergleich mit großstädtischen Anlagen dieser Art nicht zu scheuen brauchte.

Den Anstoß zu seiner Errichtung gab das 16. Bayerische Landesturnfest, welches im Juli 1926 in der Domstadt ausgetragen wurde. Mit seiner Planung wurde der städtische Gartenbaudirektor Viktor Luster (1882–1962) betraut, der zuvor bereits an der Gestaltung des Volksparks in Altona mitgewirkt hatte.

Auf einer Fläche von 20 Hektar konzipierte Luster am östlichen Rand Bambergs eine Vielzahl an Sportstätten, welche sich beidseits einer parkähnlichen, von Bäumen und Grünflächen flankierten Mittelachse gruppieren sollten. Lusters Entwurf sah eine Festwiese, mehrere Rasenspielfelder, eine „Hauptkampfbahn", eine Eis- und Rollschuhbahn, ein Schwimmbad, eine Reihe von Tennisplätzen und eine Tennishalle, eine Rad- und Motorradrennbahn, diverse Vereinsheime, eine Gaststätte, eine Jugendherberge, ein Ehrenmal, Kinderspielplätze sowie mehrere Vergnügungsplätze für Schausteller vor.

Pünktlich zur Eröffnung des Landesturnfestes am 16. Juli 1926 konnten nach nur einjähriger Planungs- und Bauzeit die Hauptkampfbahn sowie die Festwiese und das vom Bamberger Bildhauer Hans Leitherer (1885–1963) geschaffene Ehrenmal zum Gedenken an die im Ersten Weltkrieg gefallenen bayerischen Turner eingeweiht werden. 2000 Athleten und 5000 Zuschauer waren in den Volkspark gekommen. Zwei Tage später, bei der Schlussveranstaltung, zählte man gar 25 000 Aktive und Besucher.

Abb. 1: Der Bamberger Volkspark aus der Luft. Rechts im Bild das Stadionbad, die Festwiese und die Hauptkampfbahn, links davon die ehemalige Radrennbahn sowie das Waldstadion des SC 08 Bamberg. Schräg rechts oberhalb des Waldstadions versteckt sich im dichten Bewuchs die Rollschuhbahn.

Bei seiner Eröffnungsansprache betonte der Bamberger Oberbürgermeister Luitpold Weegmann (1885–1966) vor allem den gesundheitsfördernden Aspekt der Anlage. Die Stadtverwaltung, so Weegmann, sei bei der Planung des Volksparks von der Erkenntnis getragen gewesen, dass man Turn- und Sportplätze schaffen solle, um Krankenhäuser zu ersparen.

Doch obwohl nicht nur die Stadt, sondern auch eine Reihe wohlhabender Gönner das ambitionierte Projekt finanziell unterstützte, gelangte letztlich nur ein Teil der ursprünglich angedachten Sportanlagen zur Ausführung. Zwar wurden nach dem Turnfest die Bauarbeiten am Volkspark fortgesetzt; die von Luster geplante Mittelachse mit Sportstätten zu beiden Seiten wurde jedoch lediglich bis zum Ehrenmal vollendet, ihr Weiterbau schon 1928 verworfen.

Herzstück des Volksparks war und ist die Hauptkampfbahn. Das heute nach einer Großbäckerei benannte „Fuchs-Park-Stadion“ umfasst ein Rasenspielfeld sowie eine 400-Meter-Laufbahn und wurde in den Jahren 2007 bis 2009 umfassend saniert. Bei ihrer Eröffnung 1926 verfügte die Hauptkampfbahn zunächst nur über eine bescheidene Stehtribüne; der weitaus größte Teil der Zuschauer musste von Erdterrassen aus dem Geschehen im Innenraum folgen. Erst 1938 wur-

Abb. 2: Die Hauptkampfbahn im Volkspark im Jahr ihrer Fertigstellung 1926. Das Stadion verfügte damals wie heute über ein Rasenspielfeld sowie eine 400-Meter-Laufbahn. Der Komfort der Zuschauer spielte allerdings noch keine Rolle: Das Publikum verfolgte, auf Erdwällen stehend, das Geschehen. Lediglich eine kleine Stehtribüne bot bei schlechtem Wetter etwas Schutz vor Wind und Nässe.

de eine komfortable hölzerne Sitztribüne errichtet, zudem die Erdwälle aufgeschüttet und so die Zahl der Stehränge erweitert.

In unmittelbarer Nachbarschaft zur Hauptkampfbahn wurde 1928 die Radrennbahn eröffnet, ein 500-Meter-Zementoval, in welchem unter dem Slogan „Radrennen hinter großen Motoren" die in jenen Jahren ungemein populären Steherrennen ausgetragen wurden. 1936 wurde die Volkspark-Gaststätte fertig gestellt, 1938 die Rollschuhbahn.

Nach dem Zweiten Weltkrieg schließlich wurde das gesamte Areal generalüberholt, die Rasenspielfelder und die Festwiese erneuert, die Hauptkampfbahn abermals umgebaut sowie 1953 als letzte Sportstätte im Volkspark das Stadionbad eingeweiht.

Abb. 3: Im Rahmen des 16. Bayerischen Landesturnfestes wurde ein Denkmal für die im Ersten Weltkrieg gefallenen Turner eingeweiht, geschaffen vom Bamberger Bildhauer Hans Leitherer.

Abb. 4: Das 500 Meter lange Zementoval der Radrennbahn war Schauplatz unzähliger sportlicher Großereignisse. Hier wurden die in der ersten Hälfte des 20. Jahrhunderts äußerst populären Steherrennen ausgetragen, aber auch Motorradrennen. Aufnahme 1949.

Sportliche Großveranstaltungen boten den Bambergern in jenen schweren Nachkriegsjahren eine willkommene Abwechslung vom Alltag. Nicht selten pilgerten mehrere tausend Zuschauer zu den Heimspielen des 1. FC Bamberg in der Hauptkampfbahn oder zu den Steherrennen in der Radrennbahn. Die Fußballer des FC Bamberg nutzten die Hauptkampfbahn seit 1930 und konnten seit den frühen vierziger Jahren beachtliche Erfolge verbuchen. Namhafte süddeutsche Fußballvereine gaben ihre Visitenkarte im Volkspark ab, entsprechend groß war das Publikumsinteresse. Als jedoch Ende der fünfziger Jahre der allmähliche Abstieg des Vereins einsetzte und auch die Steherrennen mehr und mehr an Zugkraft verloren, fiel der Volkspark in einen Dornröschenschlaf.

1982 wurde die zwischenzeitlich marode Radrennbahn abgebrochen, da eine Sanierung der Anlage kaum finanzierbar gewesen wäre. Bis

Abb. 5: Start des Motorradrennens auf der Radrennbahn am 4. September 1949. Die ersten Nachkriegsjahre stellten für den Volkspark eine Blütezeit dar. Der 1. FC Bamberg empfing in der Hauptkampfbahn namhafte Gegner aus ganz Süddeutschland. Nebenan in der Radrennbahn zogen die Duelle der Steher und Motorsportler oft Tausende in ihren Bann, wie die brechend volle Tribüne zeigt.

Abb. 6: Die große Zeit der Steher- und Motorradrennen ist längst Geschichte. 1982 wurde die Radrennbahn abgebrochen, erhalten blieb einzig das vom FV 1912 Bamberg genutzte Rasenspielfeld im Innenraum der Anlage. An die einstige Radrennbahn erinnern heute lediglich die inzwischen begrünten Steilkurven.

1986 wurde das Gelände mit großem Aufwand neu gestaltet sowie das vom FV 1912 Bamberg genutzte Rasenspielfeld im Innenraum saniert. Das Vereinsheim der „Zwölfer“ in der Radrennbahn war bereits 1981 durch einen Neubau ersetzt worden.

Auch die Tribüne in der benachbarten Hauptkampfbahn kam zunehmend in die Jahre. Baufällig geworden, wurde sie 2007 ebenfalls abgerissen und im folgenden Jahr durch einen Neubau nach Plänen des Bamberger Architekten Christoph Gatz ersetzt. Das auf der Rückseite der Tribüne anschließende Empfangsgebäude aus dem Jahr 1926 blieb jedoch erhalten. Der in expressionistischer Formensprache gestaltete Bau wurde vermutlich vom Leiter des Stadtbauamtes, Max Hofstetter, entworfen. Er steht ebenso wie das gesamte Ensemble des Volksparks seit 2006 unter Denkmalschutz.

Abb. 7 und 8: 1938 wurde die Hauptkampfbahn umgebaut und erweitert und dabei die bescheidene Stehtribüne von 1926 durch eine wesentlich größere Holztribüne ersetzt (oben). Diese bot etwa 500 Zuschauern Platz. 2007 musste sie einem größeren Neubau weichen. Sie dominiert die zur Festwiese gelegene Eingangsfront des „Fuchs-Park-Stadions“, das Empfangsgebäude aus dem Jahr 1926, den einst repräsentativsten Hochbau des gesamten Volksparks.

Weiterführende Literatur

Heckel, Willy: Bamberg im 20. Jahrhundert. Beschreibung eines Stadtlebens in 80 Kapiteln und 10 Exkursen. 2. Aufl. Bamberg 2000.

Haupttribüne Volksparkstadion. Bamberg 2008.

Heimsoth, Axel: Bauten der Leidenschaft. Volksparks und Kampfbahnen. In: Brüggemeier, Franz-Josef / Borsdorf, Ulrich / Steiner, Jürg (Hrsg.): Der Ball ist rund. Essen 2000, S. 134–141.

Skrentny, Werner (Hrsg.): Das große Buch der deutschen Fußballstadien. Göttingen 2001.

Ders.: Es war einmal ein Stadion. Verschwundene Kultstätten des Fußballs. Göttingen 2015.

Abbildungsnachweis

Timo Seregély: Zerschlagene Bandkeramik, endneolithische Siedlungsspuren und ein eisenzeitlicher „Knochenhaufen“ vom Hohlen Stein bei Schwabthal (9–14)

Führung am 15. August 2009

Abb. 1 bis 3: Verfasser; Abb. 4: Gertraud Gerner, Otto-Friedrich-Universität Bamberg, Institut für Archäologie, Bauforschung und Denkmalpflege

Robert Schäfer: Die Motten von Prächting und Kutzenberg (15–18)

Führung am 27. Juni 2013

Abb. 1 und 2: Verfasser; Abb. 3: Privatbesitz.

Thomas Schwämmlein: Burg Schaumberg und Motte Ehnes bei Schalkau (19–26)

Führung am 14. Juni 2008

Abb. 2: Thüringisches Landesamt für Denkmalpflege und Archäologie; übrige Abb.: Verfasser.

Robert Schäfer: Das ehemalige Zisterzienserinnenkloster Sonnefeld (27–32)

Führung am 5. Juni 2012

Abb. 2: Nürnberg Luftbld, Hajo Dietz; Abb. 8: Christian Klose, Weismain; übrige Abb.: Verfasser.

Thomas Schwämmlein: Macht und Prestige der Herren von Schaumberg. Burgruine und Kirche in Rauenstein (33–40)

Führung am 22. August 2009

Abb. 1, 6, 9, 10: Steffen Ittig, Schleusingen; übrige Abb.: Verfasser.

Thomas Schwämmlein: Mönche, Ritter und Bauern. Kirche und Schloss in Mupperg (41–48)

Führung am 29. Mai 2010

Abb. 7 und 10: Walter Friedrich, Mupperg; übrige Abb.: Verfasser.

Thomas Schwämmlein: Bauern, Ritter, Lutheraner. Die St.-Aegidien-Kirche in Oberlind (49–56)

Führung am 26. Mai 2018

Abb. 2, 3–5: Carl-Heinz Zitzmann, Sonneberg; übrige Abb.: Verfasser.

Annette Schäfer: Stätten des Glaubens in Burgwindheim (57–64)

Führung am 18. Juni 2011

Abb. 5: Staatsbibliothek Bamberg, MvO A III 49 (Repro: Gerald Raab); Abb. 6: Verfasserin; übrige Abb.: Robert Schäfer, Hirschaid-Sassanfahrt.

Annette Schäfer: Mehr als Schloss und Schönborn. Das barocke Dorf Pommersfelden (65–70)
Führung am 31. Juli 2010
Abb. 4: Staatsbibliothek Bamberg, MvO A III 216 (Repro: Gerald Raab); übrige Abb.: Robert Schäfer, Hirschaid-Sassanfahrt.

Hansfried Nickel: Die Synagoge Memmelsdorf als Zeugnis jüdischen Lebens in fränkischen Landgemeinden (71–76)
Führung am 30. Juli 2004
Abb. 1 und 2: Gerhard Hagen, Bamberg; Abb. 3: Karlinger, Hans: Die Kunstdenkmäler von Unterfranken & Aschaffenburg. Heft 15: Bezirksamt Ebern. München 1916; Abb. 4 und 5: Träger- und Förderverein Synagoge Memmelsdorf (Ufr.) e. V.

Günter Dippold: Das Schlösschen Maineck (77–84)
Führung am 18. Juni 2009
Abb. 1: Landesamt für Breitband, Digitalisierung und Vermessung; Abb. 2: Staatliche Museen zu Berlin – Kunstbibliothek, Hdz 6028; Abb. 3: Stadtarchiv Weismain; Abb. 4: Verfasser; Abb. 5: Ingo Bäuerlein, Weismain-Geutenreuth.

Günter Dippold: Die Lichtenfelser Synagoge (85–90)
Führung am 3. Mai 2013
Abb. 1: Stadtarchiv Lichtenfels; übrige Abb.: Ulrich Sünkel, Michelau-Lettenreuth.

Robert Schäfer: Der Wiederaufbau Münchbergs nach dem Stadtbrand von 1837 (91–96)
Führung am 8. September 2012
Abb. 1: Stadtarchiv Münchberg; übrige Abb.: Verfasser.

Robert Schäfer: Zwischen Schloss und Neuer Heimat. Die bauliche Entwicklung Ketschendorfs im 19. und 20. Jahrhundert (97–104)
Führung am 4. Juli 2009
Abb. 1: Christian Klose, Weismain; Abb. 2: Stadtarchiv Coburg, FoSlg. BF 54; Abb. 7: Stadtarchiv Coburg, FoSlg. 03 16 22; übrige Abb.: Verfasser.

Günter Dippold: Die Pfarrkirche von Kirchlein (105–110)
Führung am 12. September 2009
Abb. 1 und 2: Sammlung des Verfassers; Abb. 3: Christian Klose, Weismain.

Robert Schäfer: Historismus und Jugendstil in Coburg (111–118)
Führung am 18. September 2009
Abb. 1: Staatsarchiv Coburg, Planslg. 1839; Abb. 2: Stadtarchiv Coburg, FoSlg. 07. Bedford 00035; Abb. 6: Stadtarchiv Coburg, FoSlg. 04.01.E 00001; übrige Abb.: Verfasser.

Robert Schäfer: Architektur in Coburg zwischen 1918 und 1973 (119–124)
Führung am 3. September 2011
Abb. 1: Christian Klose, Weismain; Abb. 5: Ansichtskarte in Privatbesitz; übrige Abb.: Verfasser.

Robert Schäfer: Der Volkspark in Bamberg (125–130)
Führung am 22. Juni 2011
Abb. 1: Wolfgang Rössler, Altendorf; Abb. 2: Stadtarchiv Bamberg BS 628-2 – H004 B001; Abb. 4: Stadtarchiv Bamberg D 2015 + 295-25; Abb. 5: Stadtarchiv Bamberg D 2015 + 295-28; Abb. 8: Christian Klose, Weismain; übrige Abb.: Verfasser.